U0096084

深智數位
股份有限公司

深智數位
股份有限公司

深智數位
股份有限公司

深智數位
股份有限公司

前言

2022 年 11 月 3 日，OpenAI 發佈了 ChatGPT，短短一年間，它不僅成為科技領域的熱門話題，更開啟了新一輪技術革命。從最初的 GPT-3.5 模型到現在的 GPT-4 Turbo，OpenAI 的每一次技術迭代都拓展了我們對於人工智慧可能性的想像邊界：最開始，ChatGPT 僅能透過文字聊天和使用者進行互動，現如今，它甚至能解說足球比賽影片。

文字是思想的載體。第一次看到 ChatGPT 的演示時，我就被其流暢自然的表達和豐富的想像力深深吸引。它與以往我接觸的任何智慧對話機器人都截然不同，彷彿具有自己的「思考」。我意識到一個全新的時代即將到來，作為一名程式設計師，我開始思考如何將自己的程式設計能力與 AI 結合起來，以駕馭這種能力。

當出版社的編輯老師第一次聯繫我，提出出版一本關於 LangChain 的圖書的想法時，我感到既興奮又忐忑，我的電子書原本只是在網路上分享個人學習經驗，沒想到會受到關注。其實我也只是一個比大家接觸大模型應用程式開發稍微多一點的初學者，因為這個領域很新，所以我決定將自己學到的內容分享到網路上，希望能幫到有需要的朋友。去年以來，AI 技術日新月異，作為程式設計師，既要站在浪頭緊接技術趨勢，也要腳踏實地，將自己的所學落實到具體的每一行程式，去身體力行地實踐。LangChain 開發框架無疑是當下最好的載體，它定義了大模型時代應用程式開發的新範式，儘管後面出現了許多不論在架構設計上還是程式品質上都可圈可點的框架，但是在社區繁榮度、開發者參與度以及支持廣泛性和相容性上無出其右，而且 LangChain 本身也在不斷進化。希望本書能夠造成拋磚引玉的作用，帶領大家步入 AI 應用程式開發世界，讓讀者們可以在各自的深耕領域利用 AI 大放異彩。

這是一本旨在幫助各層次讀者理解並掌握使用 LangChain 框架開發大模型應用的入門書。本書提供了一條從基礎到實踐的 LangChain 程式設計學習路徑，涵蓋理論知識、範例和案例研究。透過閱讀本書，讀者將能夠深入理解和掌握 LangChain 的主要概念和使用技能，並為進一步探索和利用 LangChain 開發實際大模型應用奠定基礎。

本書從 LangChain 的基礎知識開始，逐步深入複雜的應用程式開發實踐，你將了解 LangChain 的產生背景、核心概念和模組、與其他框架的比較，並對模型輸入與輸出的處理、鏈的建構、記憶管理等高級特性進行探究。此外，本書還涵蓋了檢索增強生成、智慧代理設計等前端技術，以及建構多模態機器人、社區資源等實用主題。

最後，我要感謝人民郵電出版社圖靈公司為本書出版辛勤工作的王老師以及其他編輯老師，也感激我的女友對於我忙於寫作而無暇陪伴她的理解，還要感謝所有在寫作過程中支持我、與我分享知識和經驗的社區成員，希望本書能為大家帶來知識、靈感和樂趣。

李多多（@ 摩爾索）

目錄

第 1 章 LangChain 簡介

第 2 章 LangChain 初體驗

第 3 章 模型輸入與輸出

第 4 章 鏈的建構

第 5 章 RAG

第 6 章 智慧代理設計

第 7 章 記憶元件

第 8 章 回呼機制

第 9 章 建構多模態機器人

第 10 章 社區和資源

第 1 章 LangChain 簡介

本章我們從 LangChain 的產生背景、核心概念和模組，以及與其他框架的比較幾個方面快速了解 LangChain。

1.1 LangChain 的產生背景

LangChain 的發展和大模型密切相關，所以必須先從大模型技術的發展談起。

1.1.1 大模型技術浪潮

如果我問你，當下最熱門的技術是什麼？想必你會毫不猶豫地回答：人工智慧大型語言模型（large language model，LLM，簡稱大模型）技術！但如果現在不是 2024 年而是 2013 年，你的回答還能這麼堅定嗎？

其實大模型的發展從 1 年前就開始初露端倪，特別在自然語言處理（natural language processing，NLP）領域，圖 1-1 形象地展現了大模型的進化過程，下面簡單回顧這些年重要的里程碑事件。

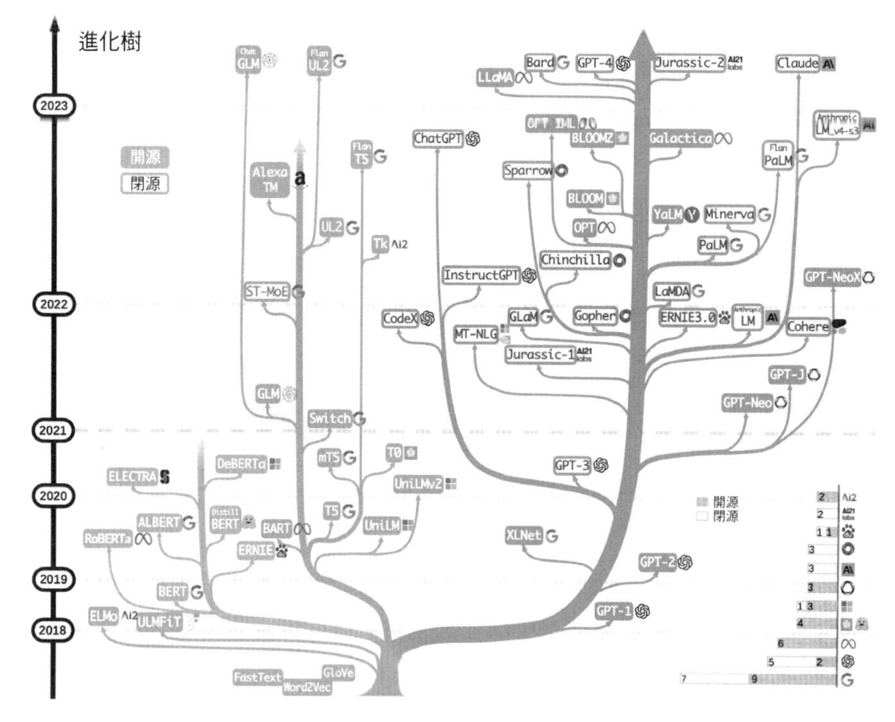

▲ 圖 1-1 大模型進化樹」，來自論文「Harnessing the Power of LLMs in Practice:A Survey on ChatGPT」

- word2vec（2013）：2013 年，Google 推出 word2vec，一種從文字資料中學習單字嵌入（word embedding）的技術，它能夠捕捉到單字之間的語義關係，並且在很多 NLP 任務中取得了顯著效果。
- Seq2Seq 與注意力機制（2014~2015）：Google 的 seq2seq（sequence-to-sequence）模型和注意力（attention）機制對機器翻譯和其他序列生成任務產生了重要影響，提升了模型處理長序列資料的能力。
- Transformer 模型（2017）：Google 的論文「Attention Is All You Need」介紹了 Transformer 模型，這是一種全新的基於注意力機制的架構，並成為後來很多大模型的基礎。
- BERT（2018）：Google 的 BERT（Bidirectional Encoder Representations from Transformers）模型採用了 Transformer 架構，並透過雙向上下文來理解單字的意義，大幅提高了語言理解的準確性，並在多個 NLP 任務上獲得了當時的最佳結果。
- T5（2019）：Google 的 T5（Text-to-Text Transfer Transformer）模型把不同的 NLP 任務，如分類、相似度計算等，都統一到一個文字到文字的框架裡進行解決，這樣的設計使得單一模型能夠處理翻譯、摘要和問答等多種任務。
- GPT-3（2020）：OpenAI 進一步推出了 GPT-3（Generative Pre-trained Transformer 3），這是一個擁有 175 億參數的巨型模型，它在很多 NLP 任務上無須進行特定訓練即可達到很好的效果，顯示出令人驚歎的零樣本（zero-shot）和小樣本（few-shot）學習能力。

這些技術創新不僅推動了自然語言處理領域的快速發展，也極大地影響了人們與電腦的對話模式，並促進了自動翻譯服務的普及和智慧幫手等應用的興起。伴隨著技術不斷迭代，可以預見，未來出現更強大、更智慧的語言模型可以說是必然的趨勢。2022 年 11 月 ChatGPT 從天而降，生成式人工智慧（generative artificial intelligence，generative AI）和大模型產業迎來大爆發，讓人們看到了實現通用人工智慧（artificial general intelligence，AGI）的希望，整個行業開始經歷前所未有的快速變革，全球知名大專院校和頂尖科技公司紛紛加大對該領域的科學研究和投資力度。下面透過對重大事件的敘述，一同感受這場席捲全球、日新月異的科技革命浪潮。

- 2022 年 11 月 30 日，OpenAI 發佈了基於 GPT-3.5 模型調優的新一代對話式 AI 模型 ChatGPT。該模型能夠自然地進行多輪對話，精確地回答問題，並能生成程式設計程式、電子郵件、學術論文和小說等多種文字。
- 2023 年 2 月 24 日，Meta 開放原始碼了新模型 LLaMA，其性能超越了 OpenAI 的 GPT-3，標誌著 AI 領域的競爭進一步加劇。
- 2023 年 3 月 14 日，OpenAI 推出了多模態模型 GPT-4，其回答準確度較 GPT-3.5 提升了 40%，在許多領域的測試中超越了大部分人類的水準，展示了 AI 在理解複雜任務方面的巨大潛力。
- 2023 年 3 月 31 日，加州大學柏克萊分校聯合 CMU、史丹佛、UCSD 和 MBZUAI 推出了開放原始碼模型 Vicuna-13B。這個擁有 13 億參數的模型僅需 30 美金的訓練成本，為 AI 領域帶來了成本效益上的重大突破。
- 2023 年 5 月 10 日，Google 在年度開發者大會 Google I/O 上，推出了支援對話匯出、編碼生成以及新增視覺搜尋和影像生成功能的 PaLM 2 AI 語言模型，進一步擴充了 AI 的應用範圍。
- 2023 年 7 月 12 日，Anthropic 發佈了新型 AI Claude 2，它支持多達 100k token（4 萬至 5 萬個中文字）的上下文處理，在安全性和編碼、數學及推理方面表現出色，提升了 AI 在處理長文字和複雜問題方面的能力。
- 2023 年 7 月 19 日，Meta 推出了包含 70 億、130 億、700 億參數版本的 LLaMA 2，其性能趕上了 GPT-3.5，顯示了 AI 模型在不同規模下的多樣性和適應性。

從業者和企業的參與熱情同樣高漲，紛紛宣佈加入大模型競賽並推出新產品。從 2023 年 3 月至今，幾乎每個月都有企業推出自己的大模型產品，讀者透過如圖 1-2 所示的時間線可以體會到行業熱度之高。

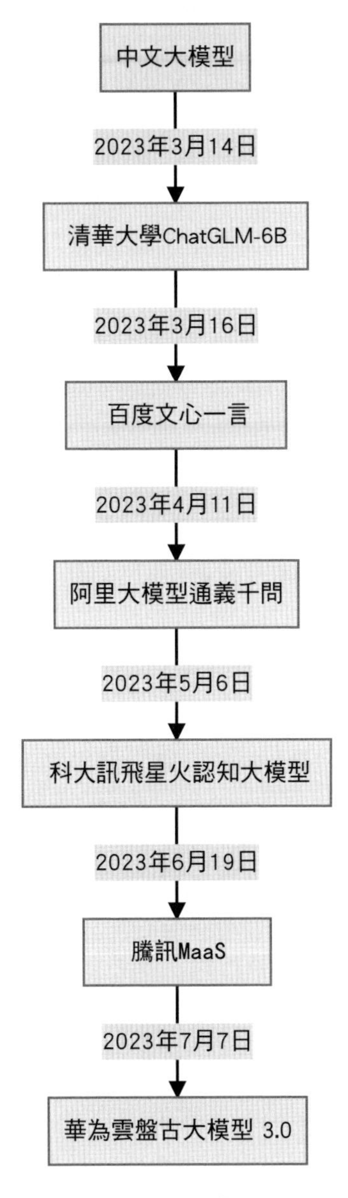

▲ 圖 1-2 大模型「軍備競賽」

- 2023 年 3 月 14 日，北京清華大學 KEG 實驗室與智圖 AI 開放原始碼了中英雙語對話模型 ChatGLM-6B，它可以在單片消費級顯示卡上使用。
- 2023 年 3 月 16 日，百度發佈類 ChatGPT 產品「文心一言」，它在文學創作、文案撰寫和邏輯推理等方面表現出色且性能持續提升。
- 2023 年 4 月 11 日，阿里在阿里雲高峰會上推出大模型「通義千問」。
- 2023 年 5 月 6 日，科大訊飛推出「訊飛星火認知大模型」並進行了現場演示。
- 2023 年 6 月 19 日，騰訊宣佈大模型研發進展，並向客戶提供 model-as-a-servic（e MaaS），協助客戶建構專屬 AI 模型與應用。
- 2023 年 7 月 7 日，華為在開發者大會上發佈大模型——華為雲盤古大模型 3.0。

在這個快速發展的人工智慧時代，大模型已成為許多企業戰略版面配置的核心。軟體開發工程師正處於歷史轉捩點，必須及時適應這種變革，並掌握以大模型為中心的開發新範式，以確保在未來的競爭中佔據有利地位。

大模型的崛起正在重塑軟體開發的前景，開發者需要面對被淘汰的風險，同時也迎來轉型的機遇。在 2023 年的世界人工智慧大會上，科技部新一代人工智慧發展研究中心發佈的《中國人工智慧大模型地圖研究報告》揭示了大模型領域建立的理論和技術系統，及其在全世界的競爭地位。報告指出，通用大模型的快速發展，正在將 AI 應用從傳統的辦公、生活、娛樂擴充到醫療、工業、教育等更多關鍵領域。微軟首席執行官納德拉的觀點「所有產品都應考慮融入AI」，進一步強調了智慧化的趨勢。隨著智慧化時代的到來，AI 的力量將滲透到每一個行業，如何有效地將大模型技術融入具體的應用中，以充分發揮其在工作和生活中的潛能，這是我們當前面臨的實際挑戰。

1.1.2 大模型時代的開發範式

隨著大模型的崛起，軟體開發範式正經歷一場革命性的變革。這些先進的AI 模型不僅能夠理解和生成自然語言，還具備撰寫和理解程式的能力，這極大地推動了軟體開發向更高效、更智慧的方向發展。在這個時代，開發者的角色正在發生顯著轉變：從傳統的程式撰寫者轉變為 AI 的協作者和指導者，負責確保 AI 生成的程式符合特定的業務需求和性能標準。

為了適應這一變革，開發者需要深入理解程式語言的核心概念，並掌握與大模型有效互動的技巧。這包括學習如何清晰地描述任務，以及如何從模型生成的程式中篩選和最佳化出最佳解決方案。同時，開發者需要熟悉機器學習和自然語言處理的基本原理，以便更進一步地利用大模型的潛力。在應用程式開發領域，大模型的潛在價值主要表現在以下幾個方面。

- **程式自動生成與最佳化**：大模型可以協助開發者生成程式框架，甚至完成複雜的程式設計任務，提升開發效率。它透過分析大量程式庫，提供程式品質改進建議，幫助發現錯誤和性能瓶頸。
- **個性化軟體開發**：大模型根據使用者需求和偏好訂製軟體解決方案，使產品更符合市場和個人需求。
- **知識整合與遷移**：大模型可以整合跨領域知識，實現遷移學習，促進跨領域應用程式開發。舉例來說，將醫療資料轉化為對醫生和患者有價值的資訊。
- **自然語言與其他語言的轉換**：大模型將自然語言查詢轉為特定領域的指令碼語言（如 SQL），簡化資料庫操作、圖表生成和 UI 設計，為非技術使用者提供便利。
- **教育與培訓**：大模型可以根據使用者的學習進度和風格訂製教材和練習，提供個性化的學習體驗。在軟體開發領域，它們可以成為新手的教練，透過即時回饋加速學習過程。

- **增強人機互動**：大模型使應用程式能以自然的方式與使用者交流，提供人性化的互動體驗，不僅限於文字，還包括語音和視覺等。

開發者可以透過以下策略挖掘大模型的潛力。

- 使用不同的提示詞（prompt）與大模型互動，生成程式部分或架構設計。
- 將大模型整合到開發流程中，自動化程式審查、bug 修復建議和文件撰寫等任務。
- 與資料科學家和 AI 研究者合作，最佳化大模型應用，訂製模型解決複雜問題。

隨著大模型技術的發展，開發者需不斷學習新工具和方法，理解模型更新對系統的影響，並調整開發策略。

本書介紹的 LangChain 框架與大模型時代的開發範式緊密相關，它簡化了大模型的整合過程，提供了一種新的 AI 應用建構方式，允許開發者快速整合 GPT-3.5 等模型，增強應用程式功能。

1.1.3 LangChain 框架的爆火

LangChain 作為開放原始碼專案首次進入公眾視野是在 2022 年 1 月，這個專案很快在 GitHub[①] 上獲得大量關注（如圖 1-3 所示），進而轉變成一家迅速崛起的初創企業，LangChain 作者 Harrison Chase 也自然成為這家初創企業的 CEO。儘管 LangChain 在早期沒有產生收入，也沒有明確的商業化計畫，卻在短時間內獲得 1000 萬美金的種子輪融資，緊接著又獲得 2000 萬美金 ~ 2500 萬美金的 A 輪融資，估值約為 2 億美金，LangChain 的快速崛起和獲得的資本支

---

① GitHub 是世界上最大的線上軟體原始程式碼託管服務平臺，支援程式版本控制和開發者協作。

持，表明了 AI 領域對於創新工具和平臺的迫切需求，以及對於能夠推動 AI 技術應用和開發的工具的高度認可。

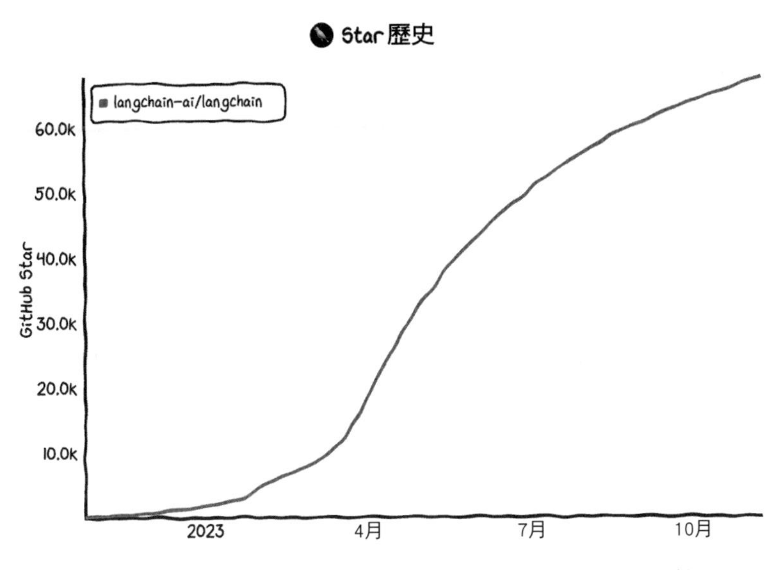

▲ 圖 1-3 LangChain 在 GitHub 上的 Star 數變化趨勢

LangChain 身為大模型應用程式開發框架，針對當前 AI 應用程式開發中的一些關鍵挑戰提供了有效的解決方案，概述如下。

- **資料時效性**：GPT-3.5 等模型的訓練資料截止於 2021 年 9 月，LangChain 可以透過整合外部知識庫和向量資料庫，允許開發者將最新的資料和資訊注入模型中，從而提高應用的時效性。
- **token 數量限制**：LangChain 透過最佳化提示詞和鏈的管理，幫助開發者突破模型 token 數量限制，例如透過分塊處理長文件，或使用特定的提示範本來引導模型生成更有效的輸出。
- **網路連接限制**：儘管 GPT-3.5 本身無法聯網查詢，但 LangChain 可以作為中介軟體，幫助開發者將模型與即時資料源連接起來，例如透過 API 呼叫獲取最新的資訊，然後將這些資訊作為輸入傳遞給模型。

- **資料來源整合限制**：LangChain 支援與多種資料來源的整合，包括私有資料庫、API 和其他第三方工具，這使得開發者能夠建構更加靈活和多樣化的應用，充分利用不同資料來源的優勢。

LangChain 的這些特性不僅提高了開發者的工作效率，還促進了產品的快速迭代和創新。透過降低基礎架構架設的複雜性，LangChain 讓開發者能夠專注於核心業務邏輯和使用者體驗的最佳化。此外，LangChain 的多語言支援和社區貢獻，進一步證明了其作為一個開原始程式碼專案的活力和包容性，吸引了更廣泛的開發者參與和貢獻。

1.2 LangChain 核心概念和模組

經過一年多的發展，截至 2023 年 11 月，LangChain 已經成長為一個龐大且複雜的程式庫。對新手來說，從頭開始閱讀和分析原始程式可能有些困難，尤其是在大模型領域概念不斷更新的情況下。因此，建議你結合本書的想法，跟我一起理解 LangChain 核心的設計哲學。你可以根據自己的興趣和需求，選擇一個特定的元件或功能進行學習，快速上手開發出自己的第一個 AI 應用。首先，一起看看 LangChain 官方的闡述，後續內容都圍繞這個展開。

LangChain 是一個專為開發大模型驅動的應用而設計的框架，它賦予應用程式以下特性。

- **能夠理解和適應上下文**：將大模型與各種上下文資訊（如提示指令、小樣本範例、外掛知識庫內容等）相結合，使之能夠根據不同情境做出回應。

- **具備推理能力**：依靠大模型進行推理分析，以決定如何基於提供的上下文資訊做出回答或採取相應行動。

LangChain 的核心優勢包括兩個方面。

- **元件化**：提供一系列工具和整合模組，既可單獨使用，也可與 LangChain 框架其他部分結合，提高與大模型協作的效率和靈活性。
- **現成的鏈**：內建多個元件組合，專為處理複雜任務設計，提供隨插即用的高級功能。

現成的鏈使得入門變得容易，對於更複雜的應用程式和用例，元件化使得訂製現有鏈或建構新鏈變得更簡單。

LangChain 透過元件化和現成的鏈，降低了使用大模型建構應用的門檻，可以適應廣泛的應用場景。得益於最初設計中足夠的抽象層次，LangChain 能夠與大模型應用形態的演進保持同步。應用形態的整體迭代過程概述如下。

（1）入門階段：建構以單一提示詞為中心的應用程式。

（2）進階階段：透過組合一系列提示詞建立更複雜的應用。

（3）發展階段：開發由大模型驅動的智慧代理（agent）應用。

（4）探索階段：實現多個智慧代理協作工作，以應對高度複雜的應用場景。

得益於 LangChain 社區的活躍和開發者的積極貢獻，新特性和創新不斷豐富著 LangChain 的元件庫。對於初次接觸大模型應用程式開發的人，LangChain 提供了一條逐步深入的學習路徑，幫助他們快速上手。

LangChain 使用以下 6 種核心模組提供標準化、可擴充的介面和外部整合，分別是模型 I/O（Model I/O）模組、檢索（Retrieval）模組、鏈（Chain）模組、記憶（Memory）模組、代理（Agent）模組和回呼（Callback）模組。這些模組從簡單到複雜依次排列，確保開發者能夠根據自身的進度和需要靈活地使用 LangChain。

1.2.1 模型 I/O 模組

模型 I/O 模組主要與大模型互動相關，由三個部分組成：提示詞管理部分用於範本化、動態選擇和管理模型輸入；語言模型部分透過通用介面呼叫大模型；輸出解析器則負責從模型輸出中提取資訊。這個模組的高效運作為 LangChain 的其他模組提供了堅實的基礎，確保了整個框架的流暢執行。接下來，我們將探索如何透過檢索模組進一步增強模型輸出的相關性和準確性。

1.2.2 檢索模組

LangChain 提供了一個檢索增強生成（retrieval-augmented generation，RAG）模組，它從外部檢索使用者特定資料並將其整合到大模型中，包括超過 100 種文件載入器，可以從各種資料來源（如私有資料庫、公共網站以及企業知識庫等）載入不同格式（HTML、PDF、Word、Excel、影像等）的文件。此外，為了提取文件的相關部分，文件轉換器引擎可以將大文件分割成小塊。檢索模組提供了多種演算法和針對特定文件類型的最佳化邏輯。

此外，文字嵌入模型也是檢索過程的關鍵組成部分，它們可以捕捉文字的語義從而快速找到相似的文字。檢索模組整合了多種類型的嵌入模型，並提供標準介面以簡化模型間的切換。

為了高效儲存和搜尋嵌入向量，檢索模組與超過 50 種向量儲存引擎整合，既支援開放原始碼的本地向量資料庫，也可以連線雲端廠商託管的私有資料庫。開發者可以根據需要，透過標準介面靈活地在不同的向量儲存之間切換。

檢索模組擴充了 LangChain 的功能，允許從外部資料來源中提取並整合資訊，增強了語言模型的回答能力。這種增強生成的能力為鏈模組中的複雜應用場景提供了支援，下一節將介紹鏈模組是如何利用這些資訊的。

1.2.3 鏈模組

鏈定義為對一系列元件的組合呼叫。我們既可以在處理簡單應用時單獨使用鏈，也可以在處理複雜應用時將多個鏈和其他元件組合起來進行鏈式連接。LangChain 提供了兩種方式來實現鏈：早期的 Chain 程式設計介面和最新的 LangChain 運算式語言（LangChain expression language，LCEL）。前者是一種命令式程式設計，後者是一種宣告式程式設計，著名的 Kubernetes 專案採用的也是宣告式 API。官方推薦使用 LCEL 的方式建構鏈。LCEL 的核心優勢在於提供了直觀的語法，並支援流式傳輸、非同步呼叫、批次處理、並行化、重試和追蹤等特性。值得注意的是，透過 Chain 程式設計介面建構的鏈也可以被 LCEL 使用，兩者並非完全互斥。

鏈模組代表了 LangChain 中元件呼叫的核心，它不僅可以將模型 I/O 模組和檢索模組的能力結合起來，還可以建構出更加複雜的業務邏輯。鏈的靈活性為記憶模組的引入提供了理想的銜接點，使得應用能夠維持狀態。接下來，我們將探討如何利用記憶模組來管理 AI 應用的記憶。

1.2.4 記憶模組

記憶模組用於儲存應用執行期間的資訊，以維持應用的狀態。這個需求主要源自大多數大模型應用有一個聊天介面，而聊天對話的基本特點是應用能夠讀取歷史互動資訊。因此，設計一個對話系統時，它至少應該能夠具備直接存取過去一段訊息的能力，這種能力稱為「記憶」。LangChain 提供了很多工具來為系統增加記憶功能，這些工具可以獨立使用，也可以無縫整合到一條鏈中。

典型的記憶系統需要支援兩個基本動作：讀取和寫入。每條鏈都定義了一些核心的執行邏輯，並期望特定的輸入，其中一些輸入直接來自使用者，但也有一些輸入可能來自記憶。鏈在執行過程中，通常需要與記憶系統互動兩次：第一次是在接收到初始使用者輸入但在執行核心邏輯之前，鏈將從其記憶系統中讀取資訊，用於增強使用者輸入；第二次是在執行核心邏輯之後、傳回答案之前，鏈將把當前執行的輸入和輸出寫入記憶系統，以便在未來的執行中可以參考。互動過程如圖 1-4 所示。

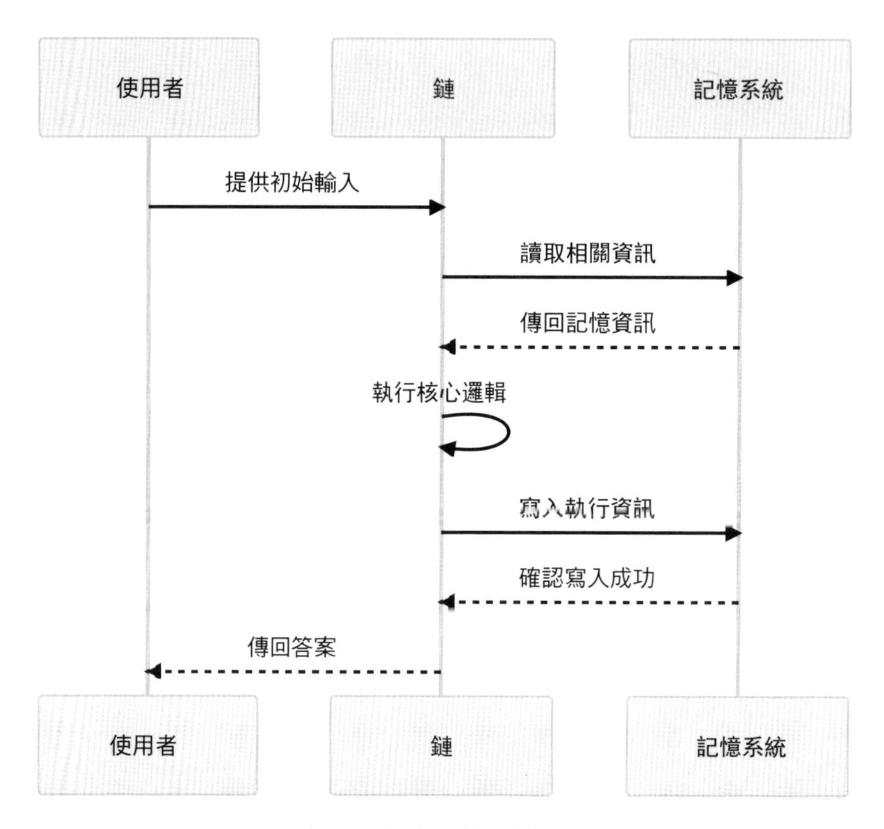

▲ 圖 1-4 鏈與記憶系統的互動

鏈模組定義了如何呼叫各種元件，記憶模組則確保這些操作可以在需要時回顧之前的資訊。這個能力對於接下來要介紹的代理模組至關重要，因為代理需要記憶來做出更加智慧的決策。

1.2.5 代理模組

代理的核心思想是使用大模型來選擇一系列要採取的行動。在鏈模組中，一系列呼叫是完全強制寫入在程式中的。而在代理模組中，使用大模型作為推理引擎來決定採取何種行動以及行動的順序。代理模組包含 4 個關鍵元件，它們之間的互動關係如圖 1-5 所示。

- **Agent**：透過大模型和提示詞來決定下一步操作的決策元件。這個元件的輸入包括可用工具列表、使用者輸入以及之前執行的步驟（中間步驟）。基於這些輸入資訊，Agent 元件會產生下一步的操作或是向使用者發送最終回應，不同的 Agent 元件有不同的推理引導方式、輸入和輸出解析方法。Agent 元件的類型多樣，有結構化輸入代理、零提示 ReAct 代理、自問搜尋式代理、OpenAI functions 代理等，這部分內容會在第 6 章中詳細說明。

- **Tool**：這是代理呼叫的函式，對於建構智慧代理至關重要。以合適的方式描述這些工具，確保智慧代理能夠正常辨識並存取工具。若未提供正確的工具集或描述不當，智慧代理將無法正常執行。

- **Tookit**：LangChain 提供了一系列工具套件，以幫助開發者實現特定的目標。一個工具套件中包含 3~5 個工具。

- **AgentExecutor**：這是代理的執行時期環境，負責呼叫代理並執行其選擇的動作。其工作流程是：獲取下一個動作，然後在該動作不是結束標識時，執行該動作並根據結果獲取下一個動作，直至傳回最終動作。這個過程雖然表面上看起來很簡單，但執行器封裝了多種複雜情況，比如智慧代理選取了不存在的工具、呼叫的工具出錯以及代理輸出的結果無法解析為工具呼叫等，同時還負責在各個層面（代理決策、工具呼叫）進行日誌記錄和提供可觀測性支援，支援最終輸出到終端或指定檔案。

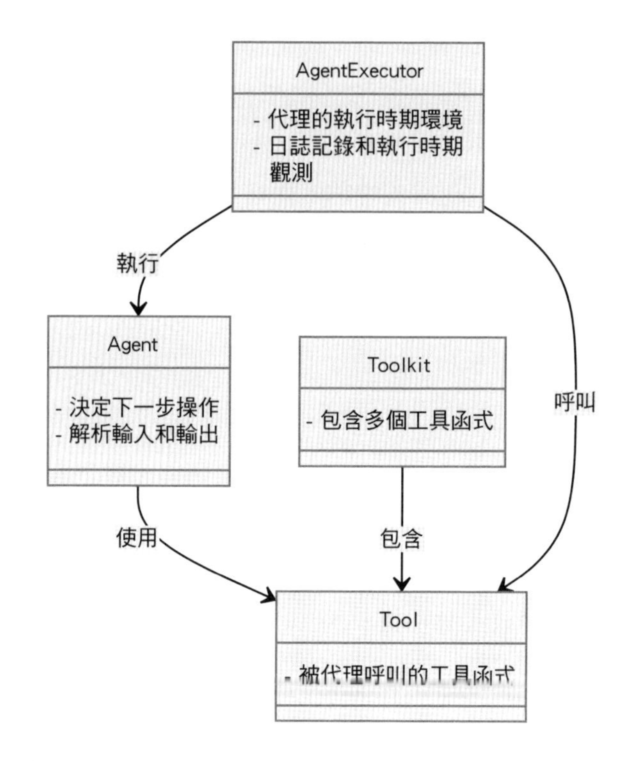

▲ 圖 1-5 Agent、Tool、Toolkit 和 AgentExecutor 之間的關係

記憶模組為代理模組提供了必要的背景資訊，代理模組則使用這些資訊來決定下一步的最佳行動。代理的靈活性和智慧化為 LangChain 的應用程式開發提供了新的維度。隨著代理在應用中的行為愈加複雜，回呼模組的重要性逐漸凸顯，它為代理提供了在執行時期捕捉程式執行狀態的能力。

1.2.6 回呼模組

回呼用於在特定操作（如 API 請求）發生時執行預定的處理常式，例如鏈、工具、代理等的建構和請求時，都可以指定回呼來執行預定程式。回呼有兩種實現方式：建構元回呼適用於跨越整個物件生命週期的操作，如日誌記錄或監視，而非特定於單一請求；請求回呼適用於需要針對單一請求進行特別處理的場景，如將請求的輸出即時傳輸到 WebSocket 連接。

回呼模組為 LangChain 提供了高度的互動性和自訂回應能力，無論是在應用建構過程中記錄日誌，還是處理即時資料流，皆可勝任。這為整個 LangChain 提供了一個可程式化的回饋循環，使得每個模組都能在適當的時候發揮作用，共同打造出一個高效、智慧的大模型應用。

在 LangChain 的元件系統中，各個模組相互協作，共同建構複雜的大模型應用。模型 I/O 模組確保與語言模型高效互動，包括輸入提示管理和輸出解析。檢索模組補充了這一流程，為生成過程提供必要的外部知識，提高了模型的回應品質。緊隨其後的鏈模組，透過定義一系列元件呼叫，將模型 I/O 模組和檢索模組的功能串聯起來，實現特定的業務邏輯。記憶模組為鏈提供了記憶功能，以維持應用的狀態，並且在整個應用執行期間管理資訊流。代理模組進一步增強了 LangChain 的靈活性，透過智慧代理動態地決定行動的序列，這些代理利用了前述所有模組的能力。最後，回呼模組以其全域和請求等級的自訂處理邏輯，為開發者建構應用提供了細粒度的控制和回應能力。正是這些能力的結合，LangChain 的真正潛力得以釋放，使開發者能夠建構出回應迅速、高度訂製的 AI 應用。

1.3 LangChain 與其他框架的比較

既然 LangChain 的能力這麼強，那是不是會有其他相似的框架來和它爭搶開發者呢？答案顯然是肯定的。在目前的業界共識中，基於大模型的業務主要分為三個層次。

- **基礎設施層**：這一層次專注於建構和提供大模型的底層架構。這通常包括大規模的資料處理和儲存能力、用於模型訓練的運算資源，以及提供模型即服務（MaaS）的 API，目標是提供穩定、可擴充且性能優越的語言模型服務。

- **垂直領域層**：在基礎設施層之上，垂直領域層使用領域特定資料對模型進行微調，使其在特定垂直市場或行業（如醫療、法律、金融等）中的表現更精確和有效。微調可以幫助模型更進一步地理解和生成與特定領域相關的語言和概念。

- **應用層**：在此層次中，開發者和公司建構具體的使用者導向的產品和服務。這些應用將大模型的能力轉化為使用者可以直接與之互動的工具和平臺，比如聊天機器人、內容生成工具、自動程式設計幫手等。應用層的重點在於使用者體驗和介面設計，使非技術使用者也能輕鬆利用大模型的能力。

LangChain 等工具旨在簡化這些層次的整合，幫助開發者快速開發和部署基於大模型的應用。它們提供了預建元件、範本和介面，以加速從概念驗證到生產部署的過程。這種框架的實用性在於減少開發時間和降低技術門檻，因此市場上的競爭日益激烈。

接下來，我們將簡介一些在社區和生態方面表現良好的開發框架，並與 LangChain 進行比較。

1.3.1 框架介紹

這些框架中最具競爭力的當屬 Semantic Kernel、LlamaIndex 和 AutoGPT，其中 Semantic Kernel 是微軟開發的輕量級開放原始碼 SDK，結合傳統程式語言與大模型（如 GPT-3.5），簡化 AI 服務整合，最佳化資源管理，支援上下文管理和外部系統整合；而 LlamaIndex 是用於將大模型與外部資料連接的工具，支援資料提取、索引建構和查詢，可提高 LLM 回答特定領域問題的精度，簡化資料處理和應用框架組成；AutoGPT 是依託 GPT-3.5 等大模型自動執行多步驟任務的框架，使用者定義目標後，它能自動完成資訊檢索、文字生成和 API 呼叫等操作，適用於內容創作、資料分析等自然語言處理任務。

Semantic Kernel

Semantic Kernel（語義核心，後簡稱 SK）是微軟設計的一款輕量、開放原始碼的軟體開發套件（SDK）。身為新型程式設計模型，它旨在將大模型的功能無縫整合到應用程式中。SK 使得開發人員能夠將傳統程式語言（如 C# 和 Python）與強大的大模型（如 GPT-3.5）相結合。

對企業而言，採用 SK 不僅簡化了 AI 服務的整合過程，還最佳化了資源管理，可以隱藏複雜的使用者互動。它提供了有效的上下文管理功能，能夠靈活地與外部系統整合，並且整合了嵌入式記憶功能，從而提高了人工智慧的可存取性和成本效益。若無 SK，企業可能需要獨立處理複雜的 AI 互動，這不僅耗費時間，還會佔用大量開發資源。

SK 的誕生代表著軟體工程領域的一種範式轉變，它所帶來的變化有點類似於程式語言從注重語法結構轉向強調語義理解的演變。透過提供簡潔的 API，SK 極大地簡化了大模型的應用，使得使用自然語言與 AI 互動變得流暢自然。

為了更深入地理解 SK 的組成和功能，可以將其關鍵元件與 LangChain 進行對比，表 1-1 說明了這兩個框架中相應元件的功能和相互之間的對應關係，為開發者使用框架提供參考。

▼ 表 1-1 一些關鍵元件對應關係

LangChain	SK	備注
Chain	Kernel	建構呼叫序列
Agent	Planner	自動規劃任務以滿足使用者的需求
Tool	Plugin(semantic function + native function)	可在不同應用之間重複使用的自定義元件
Memory	Memory	將上下文和嵌入儲存在記憶體或其他儲存中

LlamaIndex

LlamaIndex，原名 GPT Index，是一個用於為大模型連接外部資料的工具。它可以透過查詢、檢索的方式挖掘外部資料，並將其傳遞給大模型，從而讓大模型得到更多的資訊，LlamaIndex 主要由三部分組成：資料連接、索引建構和查詢介面，它的主要目標是提高 LLM 對特定領域問題的回答精度。透過提供一系列關鍵工具，LlamaIndex 極大簡化了資料提取、結構化、檢索以及與各種應用框架的整合工作。

- 利用資料連接器（Llama Hub）提取不同資料來源、不同格式的資料。
- 支持各種文件操作，包括插入、刪除和更新文件，使文件管理更加高效。
- 支援對異質資料和多文件的合成處理，提升資料處理的靈活性。
- 使用「路由器」功能在不同的查詢引擎之間進行選擇，最佳化查詢處理流程。
- 透過文字嵌入技術提升輸出結果的品質，增強模型的預測能力。
- 提供與多種向量儲存、ChatGPT 外掛程式以及 LangChain 等的廣泛整合。
- 支持最新的 OpenAI 函式呼叫 API，使得與大模型互動更為便捷。

AutoGPT

AutoGPT 最初是一個試驗性專案，依託強大的大模型（如 GPT-3.5）來自動執行多步驟任務。使用者只需設定目標，AutoGPT 即可自動操控各類應用程式和服務來實現這些目標。

舉例來說，你希望 AutoGPT 協助擴充電子商務業務，它能夠規劃出一套市場行銷策略，並幫助你架設一個基本網站。AutoGPT 的應用範圍廣，能夠處理從程式偵錯到商業計畫制訂等各種任務。

目前，AutoGPT 已經發展成為一個功能強大的自動化任務框架。它利用大模型處理複雜的多步驟工作流程，使用者只需輸入簡單的指令即可定義任務的目標和步驟。隨後，AutoGPT 將自動完成所需的操作，包括資訊檢索、文字生成以及其他 API 呼叫等。這一框架尤其適用於需要理解自然語言和生成文字的自動化任務，例如內容創作、資料分析和線上互動。它允許開發者根據特定需求自訂和擴充功能。儘管 AutoGPT 仍在不斷進化，但目前還有一些局限性。

1.3.2 框架比較

表 1-2 透過 GitHub 上的貢獻者數量、引用數以及 Star 數（如圖 1-6 所示）這三項資料，以及程式語言相容性，對 4 種框架進行了簡單比較。

- LangChain 顯然是這一組中社區最活躍的框架，擁有最多的貢獻者和較高的引用數。它的 Star 數也相當高，這表明它在開發者中廣受歡迎並具有較高的認可度。

- SK 貢獻者數量相對較少，是一個新興框架，相對較少的 Star 數表示它的社區影響力和知名度不如 LangChain，沒有獲取到引用數資訊，但是在程式語言支援方面比較優秀，可以覆蓋更多的開發者群眾。

- LlamaIndex 雖然在貢獻者數量上不及 LangChain，但社區活躍度很高，並且可以直接作為 LangChain 的檢索模組使用，是開放原始碼社區中最有影響力的檢索增強生成引擎。

- AutoGPT 在 Star 數方面遠超其他框架，這個專案在驗證大模型驅動的智慧代理概念方面引起了極大的關注，其獨特的功能和應用前景吸引了大量有興趣的潛在開發者。

▼ 表 1-2 LangChain、SK、LlamaIndex 和 AutoGPT 相關資料比較

框架名稱	程式語言	貢獻者數量	引用數	Star 數
LangChain	Python/ JavaScript	1804	36.2k	67.8k
SK	C#/Python/ Java	188	-	14.3k
LlamaIndex	Python	449	2.8k	23.5k
AutoGPT	Python	692	-	153k

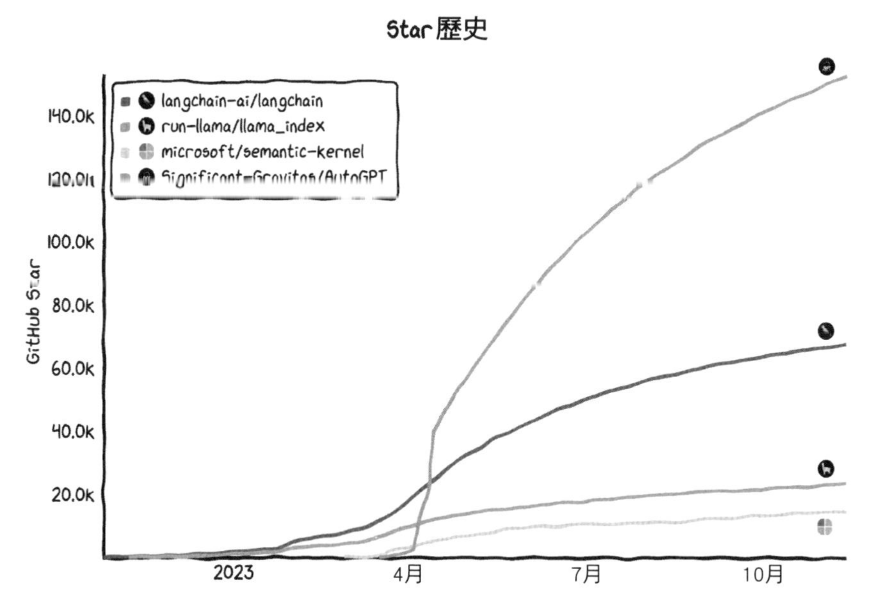

▲ 圖 1-6 LangChain、SK、LlamaIndex 和 AutoGPT 在 GitHub 上的 Star 數變化

1.3.3 小結

首先，LangChain 擁有一個活躍的社區，匯集了許多貢獻者。這不僅表示框架經過了廣泛的社區驗證，而且確保了開發者在建構和最佳化應用時能夠獲得及時的幫助和建議。一個繁榮的社區是開放原始碼專案成功的關鍵，它促進了知識共用和技術創新。

其次，LangChain 在市場上的應用非常廣泛，超過 3 萬的引用數證明了其實用性和流行度。這表明它已經被許多專案和應用採用，新開發者可以信賴其穩定性和成熟度。

最後，LangChain 支持 Python 和 JavaScript，這兩種程式語言的廣泛應用使得 LangChain 具有極高的適應性，進一步提升了其在開發者中的受歡迎程度。

憑藉強大的社區支持、高市場認可度以及對開發者友善的特性，LangChain 成為了建構大模型應用的首選。選擇 LangChain，開發者將能夠高效率地開發出穩定、可靠的 AI 應用，並享受社區的全方位支援。

本章對 LangChain 的介紹到此結束，我們已經對其背景有了充分了解。下一章，我們將正式進入實踐環節，探索如何利用 LangChain 建構實際應用。

MEMO

第 2 章

LangChain 初體驗

LangChain 究竟有多好用呢？本章將透過幾個簡單例子帶領大家快速上手，體會使用 LangChain 開發大模型應用的便捷性。

2.1 開發環境準備

了解了 LangChain 的背景知識之後，是時候動手準備 LangChain 的開發環境了。本書的範例將使用 Python 版本的 LangChain 進行演示，請確保你的電腦已安裝 Python 3.9 及以上版本。

2.1.1 管理工具安裝

首先安裝 LangChain 和必要的管理工具，這是建構開發環境的第一步。本節將引導你安裝 LangChain 及附加元件，為後續的實踐操作做好準備。

最簡單的安裝方式是直接使用 pip（Python 的套件管理工具），如下所示：

```
pip install langchain
```

另一個選擇是使用 Conda，一個用於安裝和管理跨平臺軟體套件的工具：

```
conda install langchain-c conda-forge
```

如果你想研究和測試 LangChain 的一些實驗性程式，則可以安裝 `langchain-experimental`：

```
pip install langchain-experimental
```

2.1.2 原始程式安裝

若想探索 LangChain 的最新開發版本，可以從 GitHub 下載原始程式進行安裝：

```
git clone https://github.com/langchain-ai/langchain.git
cd langchain
pip install-e.
```

2.1.3 其他函式庫安裝

LangChain 還推出了 LLM 應用託管服務 LangServe 和 LLM 應用監控服務 LangSmith。

LangServe 用於一鍵部署 LangChain 應用：

```
pip install langchain-cli
```

LangSmith 則用於偵錯和監控，預設包含在 LangChain 安裝套件中，如需單獨使用，請使用下面的命令安裝：

```
pip install langsmith
```

這些工具的使用細節將在後續章節中詳細介紹。此外，本書範例將使用 OpenAI 的 GPT-3.5 模型，因此需要安裝 OpenAI SDK：

```
pip install openai
```

最後，為了支持與多種外部資源的整合，需要安裝 python-dotenv 來管理存取金鑰：

```
pip install python-dotenv
```

至此，我們已經安裝了所有必需的工具和元件，下一步將開始 LangChain 應用程式開發實踐。

2.2 快速開始

架設好開發環境後，進入 LangChain 的實際應用程式開發，這裡從建構一個簡單的 LLM 應用開始。

LangChain 為建構 LLM 應用提供了多種模組，這些模組既可以在簡單應用中獨立使用，也可以透過 LCEL 進行複雜的組合。LCEL 定義了統一的可執行介面，讓許多模組能夠在元件之間無縫連結。

一條簡單而常見的處理鏈通常包含以下三個要素。

- **語言模型（LLM/ChatModel）**：作為核心推理引擎，語言模型負責理解輸入並生成輸出。要有效地使用 LangChain，需要了解不同類型的語言模型及其操作方式。
- **提示範本（prompt template）**：提示範本為語言模型提供具體的指令，指導其生成期望的輸出。正確配置提示範本可以顯著提升模型的回應品質。
- **輸出解析器（output parser）**：輸出解析器將語言模型的原始回應轉換成更易於理解和處理的格式，以便後續步驟可以更有效地利用這些資訊。

下面將簡單介紹這三個元件以及如何將它們組合在一起，理解這些概念對於高效率地使用和訂製 LangChain 應用非常有幫助。大多數 LangChain 應用允許自訂配置模型或提示範本，掌握如何利用這些配置將顯著增強你的應用的能力。

2.2.1 語言模型

LangChain 整合的模型主要分為兩種。

- **LLM**：文字生成型模型，接收一個字串作為輸入，並傳回一個字串作為輸出，用於根據使用者提供的提示詞自動生成高品質文字的場景。
- **ChatModel**：對話型模型，接收一個訊息串列作為輸入，並傳回一筆訊息作為輸出，用於一問一答模式與使用者持續對話的場景。

基本訊息介面由 BaseMessage 定義，它有兩個必需的屬性。

- **內容（content）**：訊息的內容，通常是一個字串。
- **角色（role）**：訊息的發送方。

LangChain 提供了幾個物件來輕鬆區分不同的角色。

- HumanMessage：人類（使用者）輸入的 BaseMessage。
- AIMessage：AI 幫手（大模型）輸出的 BaseMessage。
- SystemMessage：系統預設的 BaseMessage。
- FunctionMessage：呼叫自訂函式或工具輸出的 BaseMessage。
- ToolMessage：呼叫第三方工具輸出的 BaseMessage。

如果這些內建角色不能滿足你的需求，還有一個 ChatMessage 類別，你可以用它自訂需要的角色，LangChain 在這方面提供了足夠的靈活性。

在 LangChain 中呼叫 LLM 或 ChatModel 最簡單的方法是使用 `invoke` 介面，這是所有 LCEL 物件都預設實現的同步呼叫方法。

- `LLMs.invoke`：輸入一個字串，傳回一個字串。
- `ChatModel.invoke`：輸入一個 `BaseMessage` 串列，傳回一個 `BaseMessage`。

下面看看如何處理這些不同類型的模型和輸入。首先，匯入一個 LLM 和一個 ChatModel：

```
# 匯入通用補全模型 OpenAI
from langchain.llms import OpenAI
# 匯入聊天模型 ChatOpenAI
from langchain.chat_models import ChatOpenAI

llm = OpenAI()
chat_model = ChatOpenAI()
```

LLM 和 ChatModel 物件均提供了豐富的初始化配置，這裡我們只傳入字串用作演示：

```
# 匯入表示使用者輸入的 HumanMessage
from langchain.schema import HumanMessage

text = "給生產杯子的公司取一個名字。"
messages = [HumanMessage(content=text)]

if _name_ == "_main_":
    print(llm.invoke(text))
    #>> 茶杯屋
    print(chat_model.invoke(messages))
    #>> content='杯享'
```

2.2.2 提示範本

大多數 LLM 應用不會直接將使用者輸入傳遞給 LLM，而是將其增加到預先設計的提示範本，目的是給具體的任務提供額外的上下文。

在前面的範例中，我們傳遞給大模型的文字包含生成公司名稱的指令，對具體的應用來說，最好的情況是使用者只需提供對產品的描述，而不用考慮給語言模型提供完整的指令。

PromptTemplate 就是用於解決這個問題的，它將所有邏輯封裝起來，自動將使用者輸入轉為完整的格式化的提示詞。舉例來說，可以將上述範例修改如下：

```
# 匯入提示範本 PromptTemplate
from langchain.prompts import PromptTemplate

prompt = PromptTemplate.from_template(" 給生產 {product} 的公司取一個名字。")
prompt.format(product=" 杯子 ")
```

使用提示範本替代原始字串格式化的好處在於支援變數的「部分」處理，這表示你可以分步驟地格式化變數，並且可以輕鬆地將不同的範本組合成一個完整的提示詞，以實現更靈活的字串處理。這些功能會在第 3 章中詳細說明。

PromptTemplate 不僅能生成包含字串內容的訊息串列，而且能細化每筆訊息的具體資訊，如角色和在串列中的位置。比如 ChatPromptTemplate 作為 ChatMessageTemplate 的集合，每個 ChatMessageTemplate 都定義了格式化聊天訊息的規則，包括角色和內容的指定。下面是一個範例：

```
from langchain.prompts.chat import ChatPromptTemplate
template = " 你是一個能將 {input_language} 翻譯成 {output_language} 的幫手。
"human_template = "{text}"
```

```
chat_prompt = ChatPromptTemplate.from_messages([
    ("system",template),
    ("human",human_template),
])

chat_prompt.format_messages(input_language=" 中文 ",output_language=" 英文 ",text=
" 我愛程式設計 ")
```

生成的訊息串列如下所示：

```
[
    SystemMessage(content=" 你是一個能將中文翻譯成英文的幫手。",additional_kwargs={}),
    HumanMessage(content=" 我愛程式設計 ")
]
```

2.2.3 輸出解析器

輸出解析器將大模型的原始輸出轉為下游應用易於使用的格式，主要類型包括：

- 將 LLM 的文字輸出轉為結構化資訊（例如 JSON、XML 等）；
- 將 ChatMessage 轉為純字串；
- 將除訊息外的內容（如從自訂函式呼叫中傳回的額外資訊）轉為字串。

輸出解析器的詳細內容也會在第 3 章中展開。

這裡我們撰寫第一個輸出解析器——**一個將以逗點分隔的字串轉為串列的解析器**：

```
ffrom langchain.schema import BaseOutputParser
from langchain.llms import OpenAI
from langchain.schema import HumanMessage

llm = OpenAI()
```

```
text = "給生產杯子的公司取三個合適的中文名字，以逗點分隔的形式輸出。"
messages = [HumanMessage(content=text)]

class CommaSeparatedListOutputParser(BaseOutputParser):
    """將 LLM 的輸出內容解析為串列 """

    def parse(self,text:str):
        """解析 LLM 呼叫的輸出 """
        return text.strip().split(",")

if _name_ == "main":
    llms_response = llm.invoke(text)
    # 輸出：['杯子之家','瓷杯工坊','品質杯子']
    print(CommaSeparatedListOutputParser().parse(llms_response))
```

2.2.4 使用 LCEL 進行組合

下面將上述這些環節組合成一個應用，這個應用會將輸入變數傳遞給提示範本以建立提示詞，將提示詞傳遞給大模型，然後透過一個輸出解析器（可選步驟）處理輸出：

```
from typing import List

from langchain.chat_models import ChatOpenAI
from langchain.prompts import ChatPromptTemplate
from langchain.schema import BaseOutputParser

class CommaSeparatedListOutputParser(BaseOutputParser[List[str]]):
    """將 LLM 輸出內容解析為串列 """

    def parse(self,text:str)-> List[str]:
        """解析 LLM 呼叫的輸出 """
        return text.strip().split(",")

template = """你是一個能生成以逗點分隔的串列的幫手，使用者會傳入一個類別，你應該生成該類別下
的 5 個物件，並以逗點分隔的形式傳回。
```

```
只傳回以逗點分隔的內容，不要包含其他內容。"""
human_template = "{text}"

chat_prompt = ChatPromptTemplate.from_messages([
    ("system",template),
    ("human",human_template),
])

if _name_ == "main":
    chain = chat_prompt | ChatOpenAI()| CommaSeparatedListOutputParser()
    # 輸出：[' 狗 , 貓 , 鳥 , 魚 , 兔子 ']
    print(chain.invoke({"text":" 動物 "})
```

注意，這裡使用 | 語法將這些元件連結在一起。這個語法由 LCEL 提供支援，並且這些相依的子元件必須繼承自 Runnable 物件，同時實現通用介面，是不是很容易？使用 LangChain 建構的第一個 LLM 應用就完成了！

這裡簡單了解一下 LCEL。

LCEL 提供了一種宣告式的方法，用於簡化不同元件的組合過程。隨著越來越多 LCEL 元件的推出，LCEL 的功能也在不斷擴充。它巧妙地融合了專業程式設計和低程式設計兩種方式的優勢。在專業程式設計方面，LCEL 實現了一種標準化的流程。它允許建立 LangChain 稱之為可執行的或是規模較小的應用，這些應用可以結合起來，打造出更大型、功能更強大的應用。採用這種元件化的方法，不僅能夠提高效率，還能使元件得到重複利用。在低程式方面，類似 Flowise 這樣的工具有時可能會變得複雜且難以管理，而使用 LCEL 則方便簡單，易於理解。LCEL 的這些特性使得它成為建構和擴充 LangChain 應用的強大工具，無論是對於專業開發者還是希望簡化開發流程的使用者。

使用 LCEL 有以下幾點好處。

- LCEL 採取了專業編碼和低程式結合的方式，開發者可以使用基本元件，並按照從左至右的順序將它們串聯起來。

- LCEL 不只實現了提示鏈的功能，還包含了對應用進行管理的特性，如流式處理、批次呼叫鏈、日誌記錄等。
- 這種運算式語言作為一層抽象層，簡化了 LangChain 應用的開發，並為功能及其順序提供更直觀的視覺呈現。因為 LangChain 已經不僅是將一系列提示詞簡單串聯起來，而是對大模型應用相關功能進行有序組織。
- LCEL 底層實現了「runnable」協定，所有實現該協定的元件都可以描述為一個可被呼叫、批次處理、流式處理、轉換和組合的工作單元。

為了簡化使用者建立自訂 LCEL 元件的過程，LangChain 引入了 Runnable 物件。這個物件可以將多個操作序列組合成一個元件，既可以透過程式設計方式直接呼叫，也可以作為 API 對外暴露，這已被大多數元件所採用。Runnable 物件的引入不僅簡化了自定義元件的過程，也使得以標準方式呼叫這些元件成為可能。Runnable 物件宣告的標準介面包括以下幾個部分。

- `stream`：以流式方式傳回回應資料。
- `invoke`：對單一輸入呼叫鏈。
- `batch`：對一組輸入呼叫鏈。

此外，還包括對標準介面的非同步呼叫方式定義。

- `astream`：以流式方式非同步傳回回應資料。
- `ainvoke`：對單一輸入非同步呼叫鏈。
- `abatch`：對一組輸入非同步呼叫鏈。
- `astream_log`：在流式傳回最終回應的同時，即時傳回鏈執行過程中的每個步驟。

不同元件的輸入和輸出類型各不相同，如表 2-1 所示。

▼ 表 2-1 不同元件的輸入和輸出類型

元件	輸入類型	輸出類型
Prompt	字典	PromptValue
ChatModel	單一字串、聊天訊息串列或 PromptValue	ChatMessage
LLM	單一字串、聊天訊息串列或 PromptValue	字串
OutputParser	LLM 或 ChatModel 的輸出	取決於解析器
Retriever	單一字串	文件列表
Tool	單一字串或字典，取決於具體工具	取決於工具

所有繼承自 Runnable 物件的元件都必須包括輸入和輸出模式說明，即 `input_schema` 和 `output_schema`，用於驗證輸入和輸出資料。

2.2.5 使用 LangSmith 進行觀測

在 env 檔案中設置好下面的環境變數，接著執行一次之前的應用範例，會發現所有元件的呼叫過程都自動記錄到 LangSmith 中。可執行序列 `RunnableSequence` 由 `ChatPromptTemplate`、`ChatOpenAI` 和 `CommaSeparatedListOutputParser` 三種基本元件組成，每個元件的輸入、輸出、延遲時間、token 消耗情況、執行順序等會被記錄下來，如圖 2-1 所示。有了這些指標，對應用執行時期的狀態進行觀測就方便了許多，也可以將這些監控記錄用於評估 AI 應用的穩定性。

```
LANGCHAIN_TRACING_V2="true"
LANGCHAIN_API_KEY=...
```

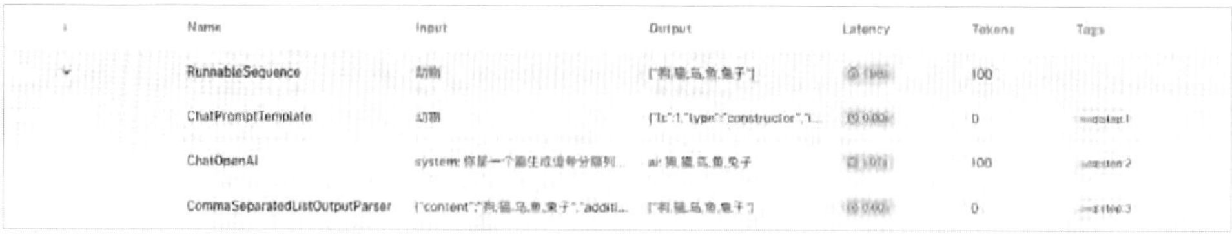

▲ 圖 2-1 LangSmith 監控記錄

2.2.6 使用 LangServe 提供服務

我們已經建構了一個 LangChain 程式，接下來需要對其進行部署，透過介面的方式供下游應用呼叫，而 LangServe 的作用就在於此：幫助開發者將 LCEL 鏈作為 RESTful API 進行部署。為了建立應用伺服器，在 serve.py 檔案中定義三樣東西：

- 鏈的定義；
- FastAPI 應用宣告；
- 用於服務鏈的路由定義，可以使用 `langserve.add_routes` 完成。

```
from typing import List

from fastapi import FastAPI
from langchain.prompts import ChatPromptTemplate
from langchain.chat_models import ChatOpenAI
from langchain.schema import BaseOutputParser
from langserve import add_routes

# 鏈定義
class CommaSeparatedListOutputParser(BaseOutputParser[List[str]]):
    """ 將 LLM 中逗點分隔格式的輸出內容解析為串列 """

    def parse(self,text:str)-> List[str]:
        """ 解析 LLM 呼叫的輸出 """
        return text.strip().split(",")

template = """ 你是一個能生成以逗點分隔的串列的幫手，使用者會傳入一個類別，你應該生成該類別下
的 5 個物件，並以逗點分隔的形式傳回。
只傳回以逗點分隔的內容，不要包含其他內容。"""
human_template = "{text}"

chat_prompt = ChatPromptTemplate.from_messages([
    ("system",template),
    ("human",human_template),
```

```
])
first_chain = chat_prompt | ChatOpenAI()| CommaSeparatedListOutputParser()

# 應用定義
app = FastAPI(
  title=" 第一個 LangChain 應用 ",
  version="0.0.1",
  description="LangChain 應用介面 ",
)

# 增加鏈路由
add_routes(app,first_chain,path="/first_app")

if _name_ == "_main_":
    import uvicorn
    uvicorn.run(app,host="localhost",port=8000)
```

接著直接執行這個檔案：

```
python serve.py
```

現在鏈會在 localhost:800 上提供服務，可以在終端執行下面的命令：

```
curl-X POST http://localhost:8000/first_app/stream_log\
-H "Content-Type:application/json"\
-d '{
    "input":{
        "text":" 動物 "
    },
    "config":{}
}'
```

輸出結果如下：

```
...
event:data
data:{"ops":[{"op":"add","path":"/streamed_output/-","value":[" 貓 "," 狗 "," 鳥 "," 魚 ",
" 蛇 "]}]}
```

```
event:data
data:{"ops":[{"op":"replace","path":"/final_output","value":{"output":["貓","狗",
"鳥","魚","蛇"]}}]}

event:end
```

可以看到，最終輸出格式和前面直接執行鏈的輸出格式一致。由於每個 LangServe 服務都內建有一個簡單的 UI，用於配置和呼叫應用，因此不喜歡在命令列操作的使用者可以直接在瀏覽器中開啟位址 http://localhost:8000/first_app/playground/ 體驗，效果是一樣的，如圖 2-2 所示。

LangServe遊樂場
嘗試一下
輸入
Reset
發簡訊
動物
輸出
[
"狗",
"貓",
"鳥",
"魚",
"兔子"
]
Intermediate steps 3
Share
Start

▲ 圖 2-2 LangServe 服務 UI

上面兩種方式可以用於自己測試介面，如果其他人想呼叫，該怎麼辦呢？不用著急，LangServe 也封裝可透過 `langserve.RemoteRunnable` 輕鬆使用程式設計方式與我們的服務進行互動：

```
from langserve import RemoteRunnable

if _name_ == "_main_":
    remote_chain = RemoteRunnable("http://localhost:8000/first_app/")
    # 輸出：['狗，貓，鳥，魚，兔子']
    print(remote_chain.invoke({"text":"動物"}))
```

至此，我們了解了如何快速建構 LangChain 應用，接下來探討在此過程中應注意的最佳安全實踐。

2.3 最佳安全實踐

儘管 LangChain 為應用程式開發提供了便利，但開發者在開發過程中必須時刻關注安全風險，以防止資料遺失、未授權存取、性能下降和可用性問題。

下面是一些有益的安全實踐建議。

- **限制許可權**：確保應用的許可權設置合理，避免不必要的許可權放寬。舉例來說，設置唯讀許可權、限制對敏感資源的存取，或在沙箱環境中執行應用。
- **防範濫用**：要意識到大模型可能產生不準確的輸出，警惕系統存取和授權被濫用的風險。舉例來說，如果資料庫授權允許刪除資料，應確保所有獲得這些授權的模型都經過嚴格審查。
- **層層防護**：實施多重安全措施，不要僅依賴單一防護手段。結合使用不同的安全性原則，如唯讀許可權和沙箱技術，可以更有效地保護資料安全。

在本章中我們實現了一個最基礎的 LangChain 應用，對使用 LangChain 開發應用的流程有了基本的了解，下一章開始我們將對核心模組一個一個進行深入解析。

第 3 章

模型輸入與輸出

在第 2 章中，我們初步了解了模型 I/O 模組。接下來，我們將深入認識大模型的輸入與輸出。

在傳統的軟體開發實踐中，API 的呼叫者和提供者通常遵循詳細的文件規定，以確保輸出的一致性和可預測性。然而，大模型（如 GPT-3）的運作方式有所不同。它們更像是帶有不確定性的「黑盒」，其輸出不僅難以精確控制，而且很大程度上依賴輸入的品質。

3.1 大模型原理解釋

註：本節旨在為普通讀者提供直觀的解釋，並非深入的科學說明。如需深入了解，請參考《這就是 ChatGPT》[①]一書，其中詳細解釋了大模型的工作原理。

大模型的運作基於一種稱為機率模型的機制，這種模型透過分析輸入，預測並生成最可能的輸出。以 GPT-3 為例，它是基於深度神經網路建構的，透過深入分析大量文字資料，學習語言的各種模式，包括詞語的使用、語法結構以及句子的流暢性。如圖 3-1 所示，這些模型能夠捕捉到語言的細微之處，從而生成連貫且自然的語言輸出。

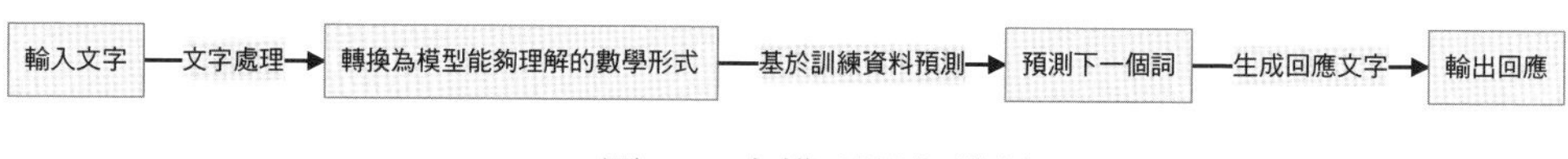

▲ 圖 3-1 大模型運作機制

3.1.1 為什麼模型輸出不可控

大模型透過機率進行預測，這表示它們根據訓練資料預測下一個最可能出現的詞或短語。

這個過程依賴統計機率，而非遵循一套固定的規則，因此模型的輸出具有一定的不確定性和多樣性。舉個例子，假設我們輸入「今天去」，模型會基於機率預測接下來的詞，如下所示。

1. **初始輸入**：「今天去」。

① 本書中文版已由人民郵電出版社圖靈公司出版，詳見 ituring.cn/book/3237。——編者注

2. **第一步預測**：模型預測下一個最可能的詞。假設基於訓練，模型得到 3 個可能的詞：學校（40% 的機率）、公園（30% 的機率）、圖書館（30% 的機率）。

3. **第二步預測**：如果選擇了「公園」，模型繼續預測接下來的詞。假設可能的詞有：玩耍（50% 的機率）、散步（20% 的機率）、讀書（30% 的機率）。

4. **生成結果**：模型根據這些機率逐步建構整個句子。比如它可能根據最高機率最後生成「今天去公園玩耍」，如圖 3-2 所示。

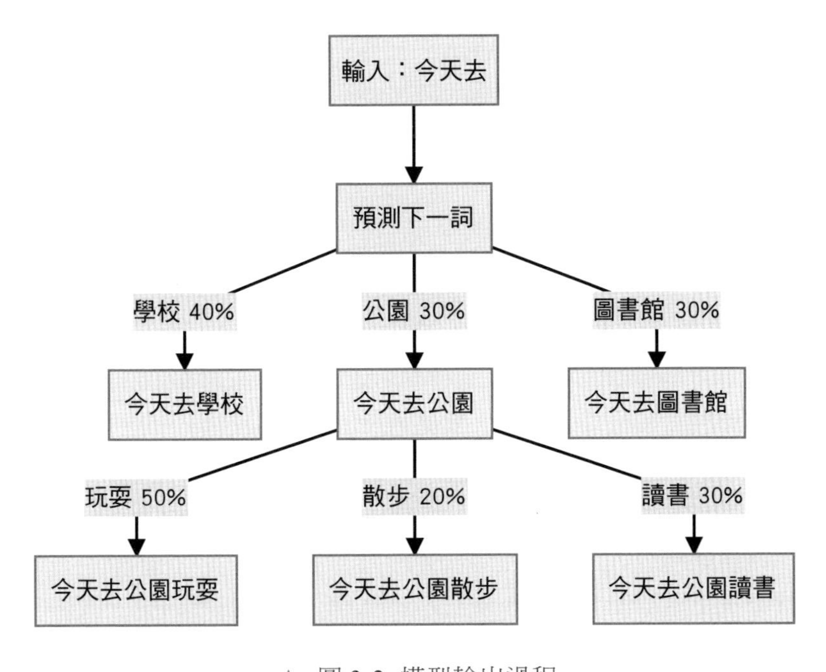

▲ 圖 3-2 模型輸出過程

這個例子展示了大模型透過逐步預測，每次選擇機率最高的詞來建構句子的過程。

3.1.2 輸入對輸出的影響

輸入的品質直接影響模型的輸出效果。模糊、錯誤或不相關的輸入可能導致輸出偏離預期；相反，清晰、準確的輸入有助模型更進一步地理解請求，提供更相關的輸出。

比較以下兩個輸入及其對應的輸出。

輸入：

你是一個專門指導初學者程式設計的經驗豐富的老師，希望你根據基礎程式設計概念和最佳實踐，解釋 Python 中變數的作用，並舉出兩個簡潔明瞭的實例，避免使用複雜的術語。

輸出：

當然，我很樂意幫助初學者理解 Python 中變數的概念和作用。

變數的作用

1. **儲存資料**：在程式設計中，變數就像是一個儲物箱，你可以在其中存放資料，比如數字、文字或更複雜的資訊。

2. **程式重複使用**：使用變數可以幫助我們重複使用程式。舉例來說，你需要多次使用同一個資料，便可以把它儲存在一個變數中，然後多次引用這個變數。

3. **提高程式可讀性**：變數可以給資料命名，這樣程式更容易理解。比如，使用 total_score 比直接寫一個數字更能清晰地表達使用這個變數的意圖。

實例 1：儲存和使用數字

假設你要計算兩個數的和，可以使用變數來儲存這兩個數，然後進行計算：

```
number1 = 5
number2 = 3
sum = number1 + number2
print(sum)# 輸出結果將是 8
```

在這個例子中：

- number1 和 number2 是變數，它們分別儲存了數字 5 和 3；
- sum 是另一個變數，用來儲存 number1 和 number2 相加的結果；
- 最後一行程式列印出 sum 的值，即 8。

實例 2：儲存文字

變數不僅可以儲存數字，還可以儲存文字（在程式設計中稱為「字串」）：

```
greeting = "Hello"
name = "Alice"
message = greeting + ","+_name_+ "!"
print(message)# 輸出結果將是 "Hello,Alice!"
```

在這個例子中：

- greeting 儲存了文字 "Hello"；
- name 儲存了文字 "Alice"；
- message 使用加號 + 將 greeting 和 name 組合成一個新的字串；
- 列印 message 將顯示合併後的文字 "Hello,Alice!"。

這些例子展示了在 Python 中變數如何被用來儲存和操作資料，同時保持程式簡潔和清晰。

輸入：

解釋一下程式設計中的變數。

輸出：

在程式設計中，變數是一種基本且非常重要的概念。變數可以看作儲存資料的容器。在程式設計中，變數具有以下重要作用。

1. **資料儲存**：變數允許程式儲存和操作資料。舉例來說，一個變數可以儲存使用者年齡，另一個變數可以存儲使用者名稱。

2. **程式可讀性**：使用變數可以使程式更易於理解。比如，totalPrice 這個變數名稱比一串神秘的數字更能清晰表達這個變數的用途。

3. **程式重複使用**：變數提高了程式的可重複使用性。透過在程式的不同部分引用同一個變數，可以避免重複的強制寫入值。

4. **易於維護**：如果需要更改某個值，只需在變數的定義處更改它，而不必在程式中每一個使用該值的地方都進行更改。

5. **控制流**：變數常常用於控製程式的執行流程，舉例來說，在循環和條件陳述式中使用。

6. **資料傳遞**：在函式或方法之間傳遞資料時，通常會使用變數作為參數。

理解變數的概念和如何有效地使用它們對於成為一名專業程式設計師至關重要。

將自己代入程式設計初學者的角度，是不是第一個例子的回答的接受度更高呢？

在上述例子中，我們使用了 CRISPE 框架（如表 3-1 所示）來建構輸入。這個框架由開放原始碼社區的 Matt Nigh 提出，它可以幫助我們為模型提供詳細的背景、任務目標和輸出格式要求，這樣的輸入使得模型輸出更加符合預期，內容更加清晰和詳細。

▼ 表 3-1 CRISPE 框架解釋

概念	含義	範例
CR：capacity and role（能力與角色）	希望模型扮演怎樣的角色以及角色具備的能力	你是一個專門指導初學者程式設計的經驗豐富的老師
I：insight（洞察力）	完成任務依賴的背景資訊	根據基礎程式設計概念和最佳實踐
S：statement（指令）	希望模型做什麼，任務的核心關鍵字和目標	解釋 Python 中變數的作用，並舉出實例
P：personality（個性）	希望模型以什麼風格或方式輸出	使用簡潔明瞭的語言，避免使用複雜的術語
E：experiment（嘗試）	要求模型提供多個答案，任務輸出結果數量	提供兩個不同的例子來展示變數的使用

這裡的輸入其實就是後續我們會經常提到的提示詞，提示詞在與大模型的互動中扮演著關鍵角色。它們是提供給模型的輸入文字，可以引導模型生成特定主題或類型的文字，在自然語言處理任務中，提示詞通常作為問題或任務的輸入，而模型的輸出則是對這些輸入的回答或完成任務的結果。

接下來我們將深入探討 LangChain 如何在實際應用中管理和最佳化這些提示詞。

3.2 提示範本元件

LangChain 的提示範本元件是一個強大的工具，用於簡化和高效率地建構提示詞。其優勢在於能夠讓我們重複使用大部分靜態內容，同時只需動態修改部分變數。

3.2.1 基礎提示範本

為了建構一個基礎的提示範本，首先需要在程式中引入 PromptTemplate 類別。這個類別允許我們定義一個包含變數的範本字串，從而在需要時替換這些變數。舉例來說，想翻譯一段文字並指定翻譯的風格，可以像下面這樣建立範本和格式化變數：

```
from langchain.prompts import PromptTemplate

# 建立一個提示範本
template = PromptTemplate.from_template("翻譯這段文字 :{text}，風格 :{style}")
# 使用具體的值格式化範本
formatted_prompt = template.format(text="我愛程式設計",style="詼諧有趣")
print(formatted_prompt)
```

在這個範例中，{text} 和 {style} 是範本中的變數，它們可以被動態替換。這種方式極大地簡化了提示詞的建構過程，特別是在處理複雜或重複的提示詞時。

值得注意的是，PromptTemplate 實際上是 BasePromptTemplate 的擴充（如圖 3-3 所示）。它特別實現了一個自己的 format 方法，這個方法內部使用了 Python 的 f-string 語法。f-string（格式化字串字面量）是 Python 中一種方便的字串格式化方法，允許將運算式直接嵌入字串中。

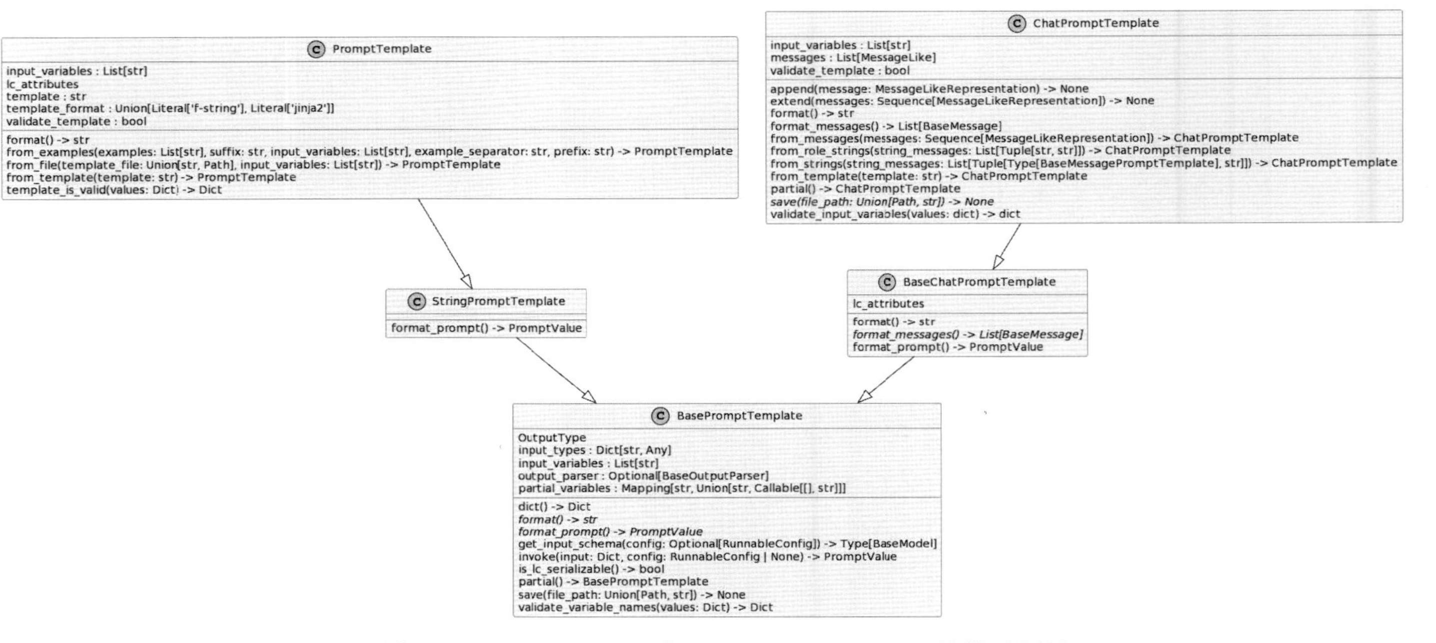

▲ 圖 3-3 PromptTemplate 與 BasePromptTemplate 的繼承關係

LangChain 透過其設計，顯著提升了提示詞建立的靈活性和效率，這對於需要快速迭代和測試多種提示詞的場景尤為重要。

3.2.2 自訂提示範本

接下來透過一個範例來展示如何自訂一個提示範本。我們的目標是建立一個範本，它可以生成關於人物資訊的 JSON 格式輸出。首先，我們從 langchain.prompts 引入 StringPrompt-Template 類別，並定義一個繼承自此類的自訂範本類別 PersonInfoPromptTemplate：

```
from langchain.prompts import StringPromptTemplate
from langchain.pydantic_v1 import BaseModel,validator
import json

delimiter = "####"
PROMPT = f""" 將每個使用者的資訊用 {delimiter} 字元分割，並按照 JSON 格式提取姓名、職業和愛好資訊。範例如下："""

class PersonInfoPromptTemplate(StringPromptTemplate,BaseModel):
    """ 自訂提示範本，用於生成關於人物資訊的 JSON 格式輸出 """

    # 驗證輸入變數
    @validator("input_variables")
    def validate_input_variables(cls,v):
        if "name"not in v:
            raise ValueError("name 欄位必須包含在 input_variable 中。")
        if "occupation"not in v:
            raise ValueError("occupation 欄位必須包含在 input_variable 中。")
        if "fun_fact"not in v:
            raise ValueError("fun_fact 欄位必須包含在 input_variable 中。")
        return v

    # 格式化輸入，生成 JSON 格式輸出
    def format(self,**kwargs)-> str:
        person_info = {
            "name":kwargs.get("name"),
            "occupation":kwargs.get("occupation"),
```

```
            "fun_fact":kwargs.get("fun_fact")
        }
        return PROMPT + json.dumps(person_info,ensure_ascii=False)

    # 指定範本類型
    def_prompt_type(self):
        return"person-info"

# 使用範本
person_info_template = PersonInfoPromptTemplate(input_variables=["name","occupation",
"fun_fact"])prompt_output = person_info_template.format(
    name=" 張三 ",
    occupation=" 軟體工程師 ",
    fun_fact=" 喜歡攀岩 "
)
```

這樣，我們成功建立了一個自訂範本，它能夠生成包含人物姓名、職業和愛好的 JSON 格式提示詞。當我們呼叫 `format` 方法並傳入相應的參數時，它會傳回以下內容：

將每個使用者的資訊用 #### 字元分割，並按照下面的範例提取姓名、職業和愛好資訊。範例如下：

```
{"name":" 張三 ","occupation":" 軟體工程師 ","fun_fact":" 喜歡攀岩 "}
```

這個自訂提示範本展示了如何靈活地利用 LangChain 的功能來滿足特定的格式化需求。

3.2.3 使用 FewShotPromptTemplate

LangChain 還提供了 `FewShotPromptTemplate` 元件，用於建立包含少量範例的提示詞，這對於大模型執行新任務或不熟悉的任務特別有幫助。它透過在提示詞中提供一些範例來「教」模型如何執行特定任務：

```
from langchain.prompts import PromptTemplate
from langchain.prompts import FewShotPromptTemplate

example_prompt = PromptTemplate(input_variables=["input","output"],template="問題：{input}\n{output}")
# 建立 FewShotPromptTemplate 實例
# 範例中包含了一些教模型如何回答問題的樣本
template = FewShotPromptTemplate(
    examples=[
        {"input":"1+1 等於多少？","output":"2"},
        {"input":"3+2 等於多少？","output":"5"}
    ],
    example_prompt=example_prompt,
    input_variables=["input"],
    suffix="問題：{input}"
)
prompt = template.format(input="5-3 等於多少？")
```

FewShotPromptTemplate 在 format 方法中使用 PromptTemplate 格式化少量範例：

```
class FewShotPromptTemplate(_FewShotPromptTemplateMixin,StringPromptTemplate):
    """包含少量樣本範例的提示範本"""
            ...
    input_variables:List[str]
    """提示範本期望的變數名稱串列"""

    example_prompt:PromptTemplate
    """用於格式化少量範例的 PromptTemplate"""

    suffix:str
    """在範例之後放置的提示範本字串"""

    example_separator:str = "\n\n"
    """用於連接首碼、範例和尾碼的字串分隔符號"""

    prefix:str = ""
    """在範例之前放置的提示範本字串"""
```

```
def format(self,**kwargs:Any)-> str:
    kwargs = self._merge_partial_and_user_variables(**kwargs)
    # 獲取要使用的範例
    examples = self._get_examples(**kwargs)
    examples = [
        {k:e[k]for k in self.example_prompt.input_variables}for e in examples
    ]
    # 格式化範例
    example_strings = [
        self.example_prompt.format(**example)for example in examples
    ]
    # 建立整體範本
    pieces = [self.prefix,*example_strings,self.suffix]
    template = self.example_separator.join([piece for piece in pieces if piece])
    # 使用輸入變數格式化範本
    return DEFAULT_FORMATTER_MAPPING[self.template_format](template,**kwargs)
...
```

利用已有的少量範例來指導大模型處理類似的任務，這在模型未經特定訓練或對某些任務不熟悉的情況下非常有用。這種方法提高了模型處理新任務的能力，尤其是在資料有限的情況下。

3.2.4 範例選擇器

上面提到小樣本學習需要提供少量範例，而範例選擇器就是用來決定使用哪些範例的。自訂範例選擇器允許使用者基於自訂邏輯從一組給定的範例中選擇，這種選擇器需要實現兩個主要方法。

- add_example 方法：接收一個範例並將其增加到 ExampleSelector 中。
- select_examples 方法：接收輸入變數（通常是使用者輸入）並傳回用於小樣本學習提示的一系列範例。

LangChain 內建了 4 種選擇器，它們都繼承自 `BaseExampleSelector`（如圖 3-4 所示）。

- `LengthBasedExampleSelector`：一種基於長度的範例選擇器。其核心思想是根據輸入的長度（例如文字的字元數或單字數）來選擇範例。這種選擇器通常用於確保所選範例與輸入資料在長度上相似，從而提高語言模型處理輸入的效率和準確性。舉例來說，在處理文字生成任務時，如果輸入文字較短，`LengthBasedExampleSelector` 可能會傾向於選擇較短的範例；相反，如果輸入較長，它可能會選擇更長的範例。這樣做的目的是使模型能夠更進一步地理解和生成與輸入長度相匹配的內容，從而提高生成文字的相關性和一致性。

- `MaxMarginalRelevanceExampleSelector`（最大邊緣相關性範例選擇器）：用來挑選出既相關又多樣化的範例。假設你在製作一個問答系統，希望給 AI 提供一些範例問題和答案，以幫助它更進一步地回答新問題，同時想保證這些範例既和新問題相關，又不會太過相似，以便給 AI 展示更多樣的情況，這就是 `MaxMarginalRelevanceExampleSelector` 發揮作用的地方。

  舉個例子。假設你有一堆關於動物的問題和答案，現在新問題是關於「貓」的，這個選擇器首先會找出所有和「貓」相關的問題，但如果它只選擇關於「貓」的問題，那就太單調了。所以，它可能會挑選一個直接相關的問題（比如關於貓的飲食習慣），然後再挑選一個間接相關的問題（比如關於寵物飼養的一般問題），這樣，AI 就可以從多種角度學習，並準備好回答更廣泛的問題。

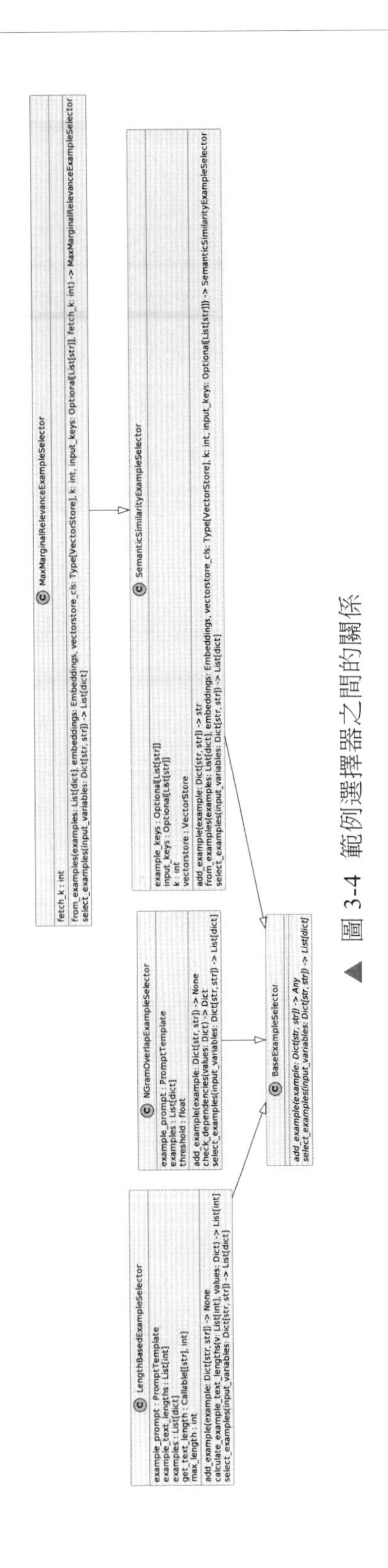

▲ 圖 3-4 範例選擇器之間的關係

- SemanticSimilarityExampleSelector（語義相似度範例選擇器）：它會從一堆給定的範例中挑選出和當前問題在語義上最相似的幾個，這透過分析和比較詞、短語和整體話題的意義來實現。簡單來說，這個工具可以幫助 AI 更進一步地理解當前的問題，並從相關的範例中學習，以提供更準確、更合適的答案。你去圖書館尋找關於「如何烹飪義大利麵」的圖書，圖書管理員首先弄清楚你的問題，然後從成千上萬本書中找出幾本和你的問題最相關的。他不僅會找介紹義大利麵的書，還會找那些在內容上和你的問題最為貼近的，比如說明義大利麵食材選擇、烹飪方法或食譜的書，該選擇器的工作原理與之類似。

- NGramOverlapExampleSelector：一種基於 *n*-gram 重疊的範例選擇器。它的核心思想是從一組範例中選擇與輸入資料在詞語（特別是 *n*-gram，即連續的詞序列）上有最多重疊的範例。假設你需要從一系列句子中選擇與給定輸入句子最相關的句子，這裡的「相關性」是透過比較輸入句子和每個候選句子中的詞語來確定的。具體來說，*n*-gram 重疊是指句子中連續的詞序列（比如兩個、三個或更多連續的詞）在兩個句子之間的匹配度。NGramOverlapExampleSelector 會計算輸入句子和每個候選句子之間的這種重疊程度，並選擇重疊最多的句子。

  - 假設輸入句子是「我喜歡晴朗的天氣。」
  - 候選句子有：

    1.「我不喜歡雨天。」

    2.「天氣晴朗讓我感覺非常開心。」

    3.「我喜歡吃蘋果。」

在這裡，第二個句子（「天氣晴朗讓我感覺非常開心。」）與輸入句子的 *n*-gram 重疊最多（比如都含有「晴朗」「我」「天氣」）。這種方法在確定哪些歷史資料或範例與當前的查詢或話題最相關時非常有用，尤其適用於聊天機器人、問答系統或任何需要從一組資料中提取最相關資訊的場景。

下面我們動手實現一個自訂範例選擇器，其中 `select_examples` 方法隨機選擇兩個範例：

```
from langchain.prompts.example_selector.base import BaseExampleSelector
from typing import Dict,List
import numpy as np

class CustomExampleSelector(BaseExampleSelector):

    def _init_(self,examples:List[Dict[str,str]]):
        self.examples = examples

    def add_example(self,example:Dict[str,str])-> None:
        """ 增加新的範例 """
        self.examples.append(example)

    def select_examples(self,input_variables:Dict[str,str])-> List[dict]:
        """ 根據輸入選擇使用哪些範例 """
        return np.random.choice(self.examples,size=2,replace=False)
```

建立了自訂選擇器後，初始化並使用它來選擇範例：

```
examples = [
    {"foo":"1"},
    {"foo":"2"},
    {"foo":"3"}
]
# 初始化範例選擇器
example_selector = CustomExampleSelector(examples)

# 選擇範例
example_selector.select_examples({"foo":"foo"})
```

```
# 增加新的範例
example_selector.add_example({"foo":"4"})
example_selector.examples

# 選擇範例
example_selector.select_examples({"foo":"foo"})
```

使用 LangChain 的提示範本，不僅能夠有效地管理和重複使用提示詞，還能輕鬆地將大模型的輸出格式化，便於在程式中呼叫，這大大簡化了處理複雜提示詞的過程，特別是當專案規模增大、提示詞變得更長時。

3.3 大模型介面

在了解了大模型的工作原理和如何設計有效的提示詞之後，接下來轉向探討 LangChain 大模型介面的設計。

3.3.1 聊天模型

LangChain 提供了一系列基礎元件，用於與大模型進行互動。在這些元件中，特別值得一提的是 `BaseChatModel`，它專為實現對話互動而設計。這個元件能夠理解使用者的查詢或指令，並生成相應的回覆。

與通用語言模型元件相比，`BaseChatModel` 採用了不同的介面設計。通用語言模型元件通常採用的是「輸入文字，輸出文字」的模式，而 `BaseChatModel` 則以「聊天訊息」的形式進行輸入和輸出，這使得它更適合模擬真實的對話場景。

LangChain 支援多種聊天模型，如圖 3-5 所示，包括但不限於：

- ChatTongyi（阿里通義千問模型）

- QianfanChatEndpoint（百度千帆平臺上的模型）
- AzureChatOpenAI（微軟雲端上的 OpenAI 模型）
- ChatGooglePalm（Google PaLM 模型）
- ChatOpenAI（OpenAI 模型）

聊天模型還支援批次模式和串流模式。批次模式允許同時處理多組訊息，適用於需要一次性處理大量對話的場景；串流模式更適合即時處理訊息，提供連續的對話互動體驗。這些功能使得聊天模型在對話互動方面更加靈活和強大。

3.3.2 聊天模型提示詞的建構

在 LangChain 中，聊天模型的提示詞建構基於多種類型的訊息，而非單純的文字。這些訊息類型包括下面這些。

- `AIMessage`：大模型生成的訊息。
- `HumanMessage`：使用者輸入的訊息。
- `SystemMessage`：對話系統預設的訊息。
- `ChatMessage`：可以自訂類型的訊息。

為了建立這些類型的提示詞，LangChain 提供了 `MessagePromptTemplate`，它可以結合多個 `BaseStringMessagePromptTemplate` 來建構一個完整的 `ChatPromptTemplate`，如圖 3-6 所示。下面的範例展示了如何使用這些範本來生成針對特定情景的提示詞。

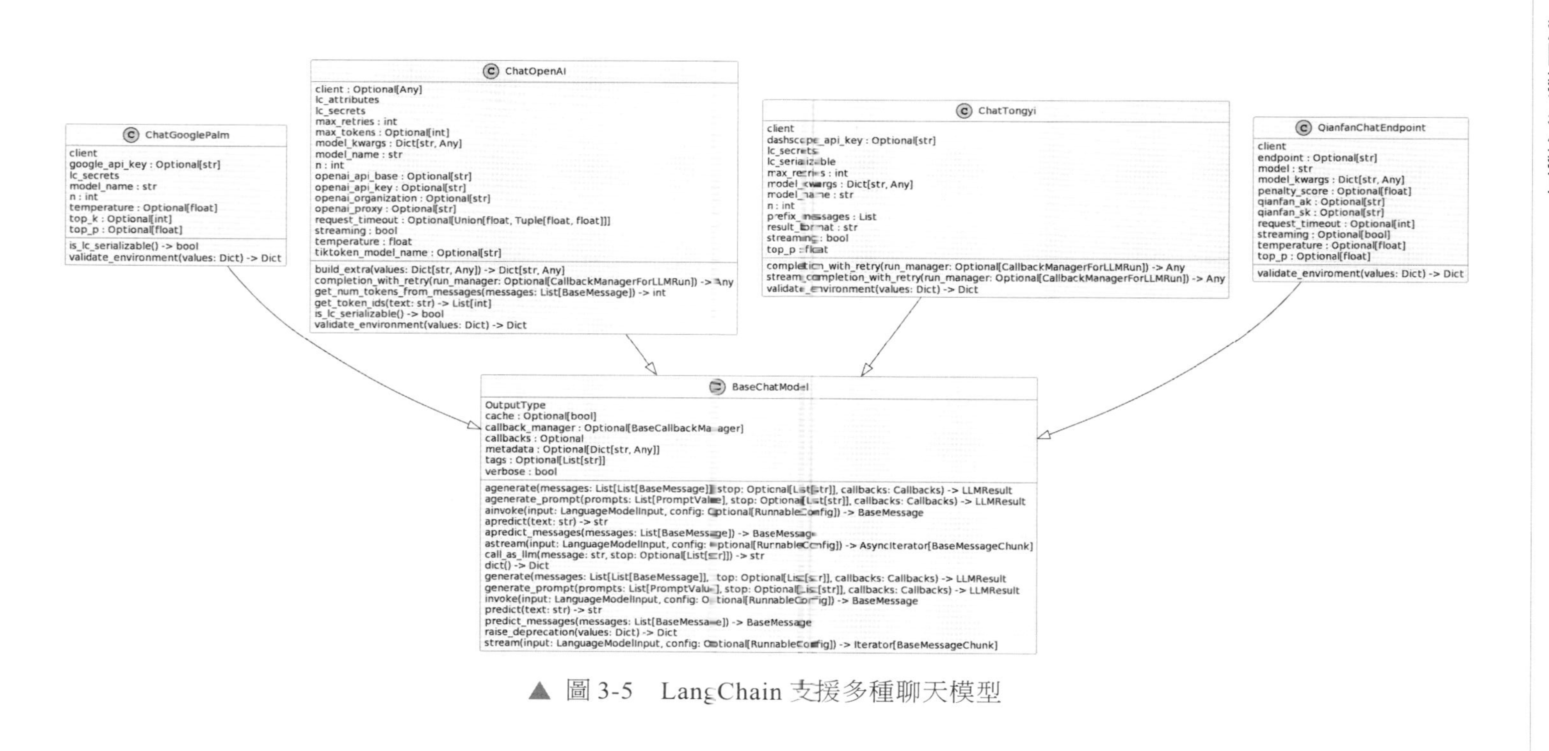

▲ 圖 3-5 LangChain 支援多種聊天模型

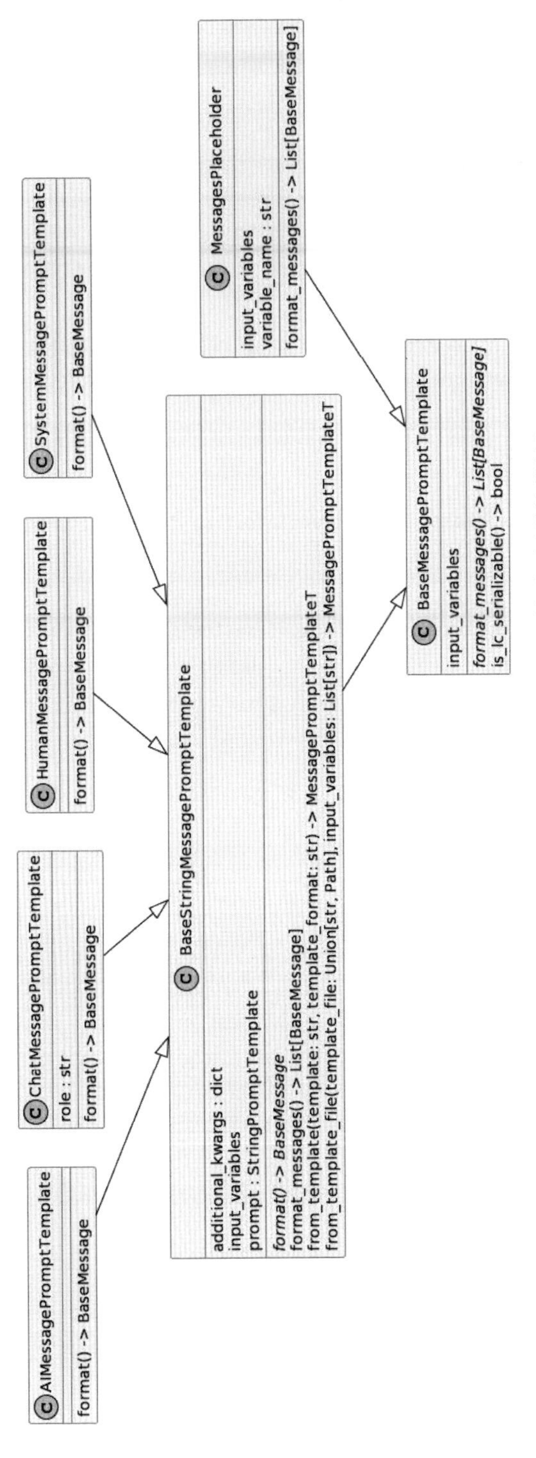

▲ 圖 3-6 LangChain 訊息類型和範本之間的關係

假設我們要建構一個設定翻譯幫手的提示詞，可以按照以下步驟操作：

```
from langchain.prompts import(
    ChatPromptTemplate,
    SystemMessagePromptTemplate,
    HumanMessagePromptTemplate,
)

# 定義對話系統預設訊息範本
template = " 你是一個翻譯幫手，可以將 {input_language} 翻譯為 {output_language}。"
system_message_prompt = SystemMessagePromptTemplate.from_template(template)

# 定義使用者訊息範本
human_template = "{talk}"
human_message_prompt = HumanMessagePromptTemplate.from_template(human_template)

# 建構聊天提示範本
chat_prompt = ChatPromptTemplate.from_messages([system_message_prompt,
                                                human_message_prompt])

# 生成聊天訊息
messages = chat_prompt.format_prompt(
    input_language=" 中文 ",
    output_language=" 英文 ",
    talk=" 我愛程式設計 "
).to_messages()

# 列印生成的聊天訊息
for message in messages:
    print(message)
```

這段程式首先定義了對話系統預設訊息和使用者訊息的範本，並透過 ChatPromptTemplate 將它們組合起來。然後，我們透過 format_prompt 方法生成了兩個訊息：一個對話系統預設訊息和一個使用者訊息。這樣，我們就成功地建構了一個適用於聊天模型的提示詞。

透過這種方式，LangChain 使得聊天模型提示詞的建立更加靈活和高效，特別適合需要模擬對話互動的場景。

3.3.3 訂製大模型介面

LangChain 的核心組成部分之一是 LLM 元件。當前市場上有多家大模型提供商，如 OpenAI、ChatGLM 和 Hugging Face 等，為了簡化與這些不同提供商的 LLM 進行互動的過程，LangChain 特別設計了 `BaseLLM` 類別。`BaseLLM` 類別提供了一個標準化的介面（如圖 3-7 所示），使得開發者能夠透過統一的方式與各種 LLM 進行通訊，無論它來自哪個提供商。這種設計極大地提高了靈活性和便捷性，允許開發者輕鬆整合和切換不同的 LLM，而無須擔心底層實現的差異。

在實際應用中，我們可能會使用私有部署的大模型，例如公司內部開發的模型。為此，需要實現一個自訂的 LLM 元件，以便這些模型與 LangChain 的其他元件協作工作。自訂 LLM 封裝器需要實現以下行為和特性。

- **方法**：`_call` 方法是與模型互動的核心介面，接收一個字串和可選的停用詞清單，傳回一個字串。
- **屬性**：`_identifying_params` 屬性提供關於該類別的資訊，有助列印和偵錯，傳回一個包含關鍵資訊的字典。

我們以 GPT4All 模型為例，展示如何實現一個自訂的 LLM 元件。GPT4All 是一個生態系統，支援在消費級 CPU 和 GPU 上訓練和部署大模型。

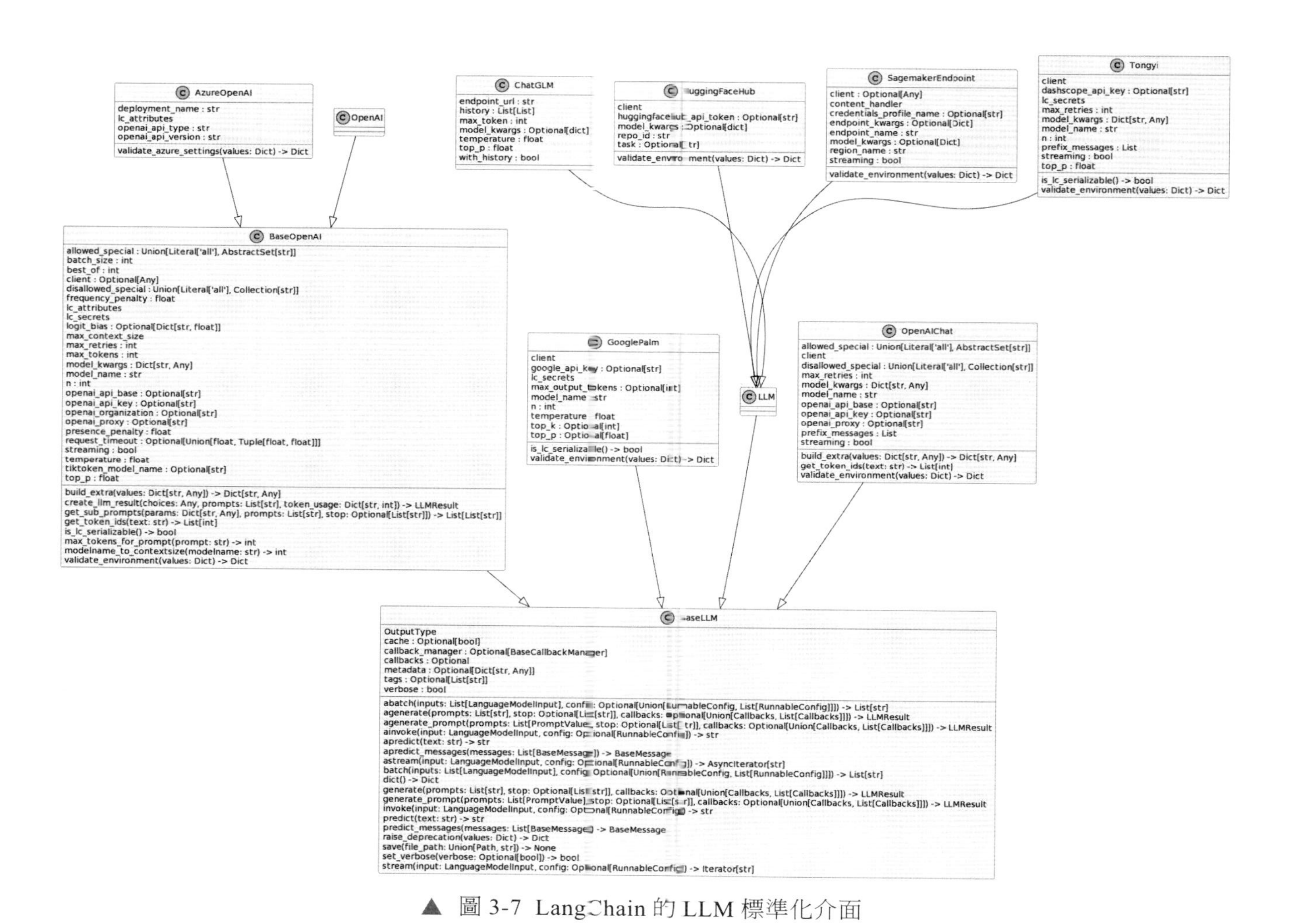

▲ 圖 3-7 LangChain 的 LLM 標準化介面

```
import os
import io
import requests
from tqdm import tqdm
from pydantic import Field
from typing import List, Mapping, Optional, Any
from langchain.llms.base import LLM
from gpt4all import GPT4All

class CustomLLM(LLM):
    """
    一個自訂的 LLM 類，用於整合 GPT4All 模型
    參數：

    model_folder_path:(str) 存放模型的資料夾路徑
    model_name:(str) 要使用的模型名稱（< 模型名稱 >.bin）
    allow_download:(bool) 是否允許下載模型

    backend:(str) 模型的後端（支援的後端：llama/gptj）
    n_threads:(str) 要使用的執行緒數
    n_predict:(str) 要生成的最大 token 數
    temp:(str) 用於採樣的溫度
    top_p:(float) 用於採樣的 top_p 值
    top_k:(float) 用於採樣的 top_k 值
    """
    # 以下是類屬性的定義
    model_folder_path:str = Field(None,alias='model_folder_path')
    model_name:str = Field(None,alias='model_name')
    allow_download:bool = Field(None,alias='allow_download')

    # 所有可選參數
    # 使用 typing 函式庫中的相關類型進行型態宣告
    backend:    Optional[str]    = 'llama'
    temp:       Optional[float]  = 0.7
    top_p:      Optional[float]  = 0.1
    top_k:      Optional[int]    = 40
    n_batch:    Optional[int]    = 8
    n_threads:  Optional[int]    = 4
    n_predict:  Optional[int]    = 256
```

```
# 初始化模型實例
gpt4_model_instance:Any = None

def _init_(self,model_folder_path,model_name,allow_download,**kwargs):
    super(CustomLLM,self).init()
    # 類別建構函式的實現
    self.model_folder_path:str = model_folder_path
    self.model_name = model_name
    self.allow_download = allow_download

    # 觸發自動下載
    self.auto_download()

    # 建立 GPT4All 模型實例
    self.gpt4_model_instance = GPT4All(
        model_name=self.model_name,
        model_path=self.model_folder_path,
    )

def auto_download(self)-> None:
    """
    此方法將下載模型到指定路徑
    """
    ...

@property
def_identifying_params(self)-> Mapping[str,Any]:
    """
    傳回一個字典類型，包含 LLM 的唯一標識
    """
    return{
        'model_name':self.model_name,
        'model_path':self.model_folder_path,
        **self._get_model_default_parameters
    }

@property
def_llm_type(self)-> str:
    """
```

```
        它告訴我們正在使用什麼類型的 LLM
        例如：這裡將使用 GPT4All 模型
        """
        return'gpt4all'

    def_call(
            self,
            prompt:str,stop:Optional[List[str]]= None,
            **kwargs)-> str:
        """
        這是主要的方法，將在我們使用 LLM 時呼叫。
        重寫基礎類別方法，根據使用者輸入的 prompt 來回應使用者，傳回字串。
        """
        params = {
            **self._get_model_default_parameters,
            **kwargs
        }
        # 使用 GPT-4 模型實例開始一個聊天階段
        with self.gpt4_model_instance.chat_session():
            # 生成回應：根據輸入的提示詞（prompt）和參數（params）生成回應
            response_generator = self.gpt4_model_instance.generate(prompt,**params)
        # 判斷是否是流式回應模式
        if params['streaming']:

            # 建立一個字串 IO 流來暫存響應資料
                response = io.StringIO()
                for token in response_generator:
                # 遍歷生成器生成的每個權杖（token）
                    print(token,end='',flush=True)
                    response.write(token)
                response_message = response.getvalue()
                response.close()
                return response_message

        # 如果不是流式回應模式，直接傳回回應生成器
        return response_generator
```

3.3.4 擴充模型介面

LangChain 為 LLM 元件提供了一系列有用的擴充功能，以增強其互動能力和應用性能。

- **快取功能**：在處理頻繁重複的請求時，快取功能能夠顯著節省 API 呼叫成本，並提高應用程式的回應速度。舉例來說，如果你的應用需要多次詢問相同的問題，快取可以避免重複呼叫大模型提供商的 API，從而降低成本並加快處理速度。

- **流式支持**：LangChain 為所有 LLM 元件實現了 Runnable 物件介面，該介面提供了 `stream` 和 `astream` 方法，為大模型提供了基本的流式處理能力。這允許你獲取一個迭代器，它將傳回大模型的最終回應。雖然這種方法不支持逐 token 的流式傳輸，但它確保了程式的通用性，無論使用哪個大模型。這對於需要非同步處理或連續接收資料的應用場景尤為重要。

以上功能強化了 LangChain 與不同 LLM 的互動能力，無論是在成本控制、性能最佳化還是滿足特定應用需求方面，都提供了強有力的支援。

3.4 輸出解析器

LangChain 中的輸出解析器負責將語言模型生成的文字轉為更為結構化和實用的格式。比如，你可能不只是需要一段文字，而是需要將其轉為 XML 格式、日期時間物件或串列等具體的資料結構。

輸出解析器的種類繁多，如圖 3-8 所示，包括但不限於以下幾類。

- `XMLOutputParser`：將文字輸出轉為 XML 格式。
- `DatetimeOutputParser`：將文字輸出轉為日期時間物件。
- `CommaSeparatedListOutputParser`：將文字輸出轉為串列。

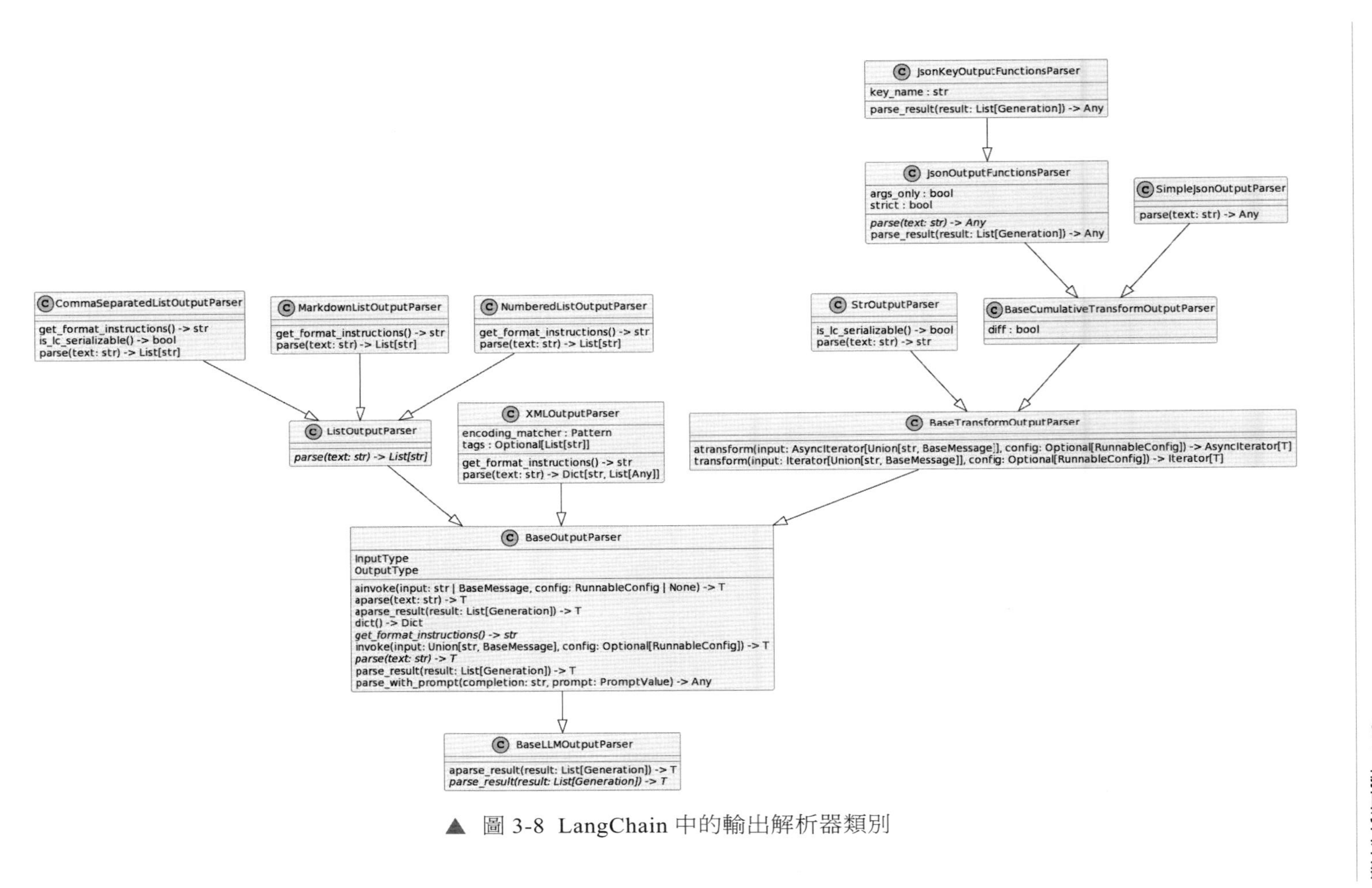

▲ 圖 3-8 LangChain 中的輸出解析器類別

你還可以根據需求自訂輸出解析器，將文字轉為 JSON 格式、Python 資料類別或資料庫行等。自訂輸出解析器通常需要實現以下方法。

- get_format_instructions：傳回一個指令，用於指示語言模型如何格式化輸出內容。
- parse：解析語言模型的回應，轉換成指定結構。

可選方法：

- parse_with_prompt：在處理語言模型的輸出時，參考最初用於生成該輸出的提示詞（問題或指令），可以更有效地理解和調整輸出結果，這在嘗試改進或修正模型輸出格式時非常有用，比如明確要求模型輸出 JSON 格式的情況。

下面我們實現一個自訂輸出解析器，從自然語言描述中提取花費記錄資訊用於記帳（舉這個例子只是為了讀者更進一步地理解輸出解譯器的作用，記帳場景最方便的處理方式是使用 few-shot 提示輸出 JSON 格式的內容）：

```
class CustomOutputParser(BaseOutputParser[BaseModel]):
    pydantic_object:Type[T]

    def parse(self,text:str)-> BaseModel:
        """
        解析文字到 Pydantic 模型

        Args:
            text: 要解析的文字

        Returns:
            Pydantic 模型的一個實例
        """
        try:
            # 貪婪搜尋第一個 JSON 候選
            match = re.search(
                r"\{.*\}",text.strip(),re.MULTILINE | re.IGNORECASE | re.DOTALL
```

```
            )
            json_str = ""
            if match:
                json_str = match.group()
            json_object = json.loads(json_str,strict=False)
            return self.pydantic_object.parse_obj(json_object)

        except(json.JSONDecodeError,ValidationError)as e:
            name = self.pydantic_object.name
            msg = f"從輸出中解析 {name} 失敗 {text}。錯誤資訊 :{e}"
            raise OutputParserException(msg,llm_output=text)

    def get_format_instructions(self)-> str:
        """
        獲取格式說明

        Returns:
            格式說明的字串
        """
        schema = self.pydantic_object.schema()

        # 移除不必要的欄位
        reduced_schema = schema
        if"title"in reduced_schema:
            del reduced_schema["title"]
        if"type"in reduced_schema:
            del reduced_schema["type"]
        # 確保 json 在上下文中格式正確（使用雙引號）
        schema_str = json.dumps(reduced_schema)

        return CUSTOM_FORMAT_INSTRUCTIONS.format(schema=schema_str)


    @property
    def_type(self)-> str:
        """
        獲取解析器類型

        Returns:
```

```
        解析器的類型字串
    """
    return"custom output parser"
```

定義一個 ExpenseRecord 模型，用於儲存關於花費金額、類別、日期和描述的資訊，並使用 Pydantic 解析器來解析這些資訊，將自然語言轉為記帳資訊：

```
class ExpenseRecord(BaseModel):
        amount:float = Field(description=" 花費金額 ")
        category:str = Field(description=" 花費類別 ")
        date:str = Field(description=" 花費日期 ")
        description:str = Field(description=" 花費描述 ")

    # 建立 Pydantic 輸出解析器實例
    parser = CustomOutputParser(pydantic_object=ExpenseRecord)

    # 定義獲取花費記錄的提示範本
    expense_template = '''
    請將這些花費記錄在我的帳本中。
    我的花費記錄是：{query}
    格式說明：
    {format_instructions}
    '''

    # 使用提示範本建立實例
    prompt = PromptTemplate(
        template=expense_template,
        input_variables=["query"],
        partial_variables={"format_instructions":parser.get_format_instructions()},
    )

    # 格式化提示詞
    _input = prompt.format_prompt(query=" 昨天白天我去超市花了 45 元買日用品，晚上我又花
    了 2 元打車。" )

    # 建立 OpenAI 模型實例
    model = OpenAI(model_name="text-davinci-003",temperature=0)
```

```
# 使用模型處理格式化後的提示詞
output = model(_input.to_string())

# 解析輸出結果
expense_record = parser.parse(output)
# 遍歷並列印花費記錄的各個參數
for parameter in expense_record.fields:
    print(f"{parameter}:{expense_record.dict[parameter]},
                    {type(expense_record.dict[parameter])}")
```

最後看看列印結果：

```
[
    {
        "amount":45,
        "category":" 日用品 ",
        "date":" 昨天白天 ",
        "description":" 去超市買日用品 "
    },
    {
        "amount":20,
        "category":" 坐車 ",
        "date":" 晚上 ",
        "description":" 坐車 "
    }
]
```

LangChain 中關於大模型輸入與輸出的介紹到此就結束了。接下來，我們將深入探索 LangChain 的核心模組——鏈的建構，並透過實例演示如何結合本章內容實現一個實用的應用。

MEMO

第 4 章 鏈的建構

第 1 章曾提到 LangChain 的核心價值之一就在於其現成的鏈，本章將從鏈的基本概念談起，然後深入探討鏈的一些高級特性，接著引導大家實現自己的自訂鏈，最後介紹一些針對常見應用場景特別設計的鏈，以幫助開發者更高效率地使用 LangChain 的功能。

4.1 鏈的基本概念

在 LangChain 中，鏈是一系列元件的有序組合，用於執行特定任務。無論是處理簡單的文字還是複雜的資料，鏈都能發揮重要作用。舉例來說，你可以建構一條鏈來處理使用者輸入，將其轉為所需格式，然後儲存或進一步處理。

LangChain 提供了兩種實現鏈的方式：傳統的 Chain 程式設計介面和最新的 LCEL。雖然兩者可以共存，但官方推薦使用 LCEL，因為它提供了更直觀的語法，並支援流式傳輸、非同步呼叫、批次處理、並行化和重試等高級功能。

LCEL 的主要優勢在於其直觀性和靈活性。開發者可以輕鬆地將輸入提示範本、模型介面和輸出解析器等模組組合起來，建構出高度訂製化的處理鏈。

接下來，我們將透過具體的範例來展示如何利用 LCEL 建構有效且實用的鏈。

4.2 Runnable 物件介面探究

第 3 章提到的提示範本元件物件 `BasePromptTemplate`、大模型介面物件 `BaseLanguageModel` 和輸出解析器物件 `BaseOutputParser` 都實現了關鍵介面——Runnable 物件介面。這些介面的設計旨在讓不同的元件能夠靈活地串聯起來，形成一條功能更強大的處理鏈。透過實現 Runnable 物件介面，元件之間能夠確保相容性，並以模組化的方式進行組合使用。

Runnable 物件介面是一個可以被呼叫、批次處理、流式處理、轉換和組合的工作單元，它透過 `input_schema` 屬性、`output_schema` 屬性和 `config_schema` 方法來提供關於元件輸入、輸出和配置的結構化資訊。這些屬性和方法使得元件能夠清晰地定義它們所需的輸入格式、期望的輸出格式以及配置選項，從而簡化元件間的整合和互動。

接下來，我將詳細介紹這些主要方法和屬性，以及如何利用它們來建構高效的處理鏈。

- invoke/ainvoke：它接收輸入並傳回輸出。
- batch/abatch：這個方法允許對輸入串列進行批次處理，傳回一個輸出列表。
- stream/astream：這個方法提供了流式處理的能力，允許逐塊傳回回應，而非一次性傳回所有結果。
- astream_log：這個方法用於逐塊傳回回應過程的中間結果和日誌記錄輸出。

帶有 a 首碼的方法是非同步的，預設情況下透過 asyncio 的執行緒池執行對應同步方法，可以重寫以實現原生非同步。所有方法都接收一個可選的 config 參數，用於配置執行、增加用於追蹤和偵錯的標籤和中繼資料等。下面是 Runnable 物件介面的宣告：

```
class Runnable(Generic[Input,Output],ABC):
    ...
    @property
    def input_schema(self)-> Type[BaseModel]:
        ...
    @property
    def output_schema(self)-> Type[BaseModel]:
        ...
    def config_schema(
        self,*,include:Optional[Sequence[str]]= None
    )-> Type[BaseModel]:
        ...
    @abstractmethod
    def invoke(self,input:Input,config:Optional[RunnableConfig]= None)-> Output:
        ...
    async def ainvoke(
        self,input:Input,config:Optional[RunnableConfig]= None,**kwargs:Any
```

```
    )-> Output:
        ...
    def batch(
        self,
        ...
    )-> List[Output]:
        ...
    async def abatch(
        self,
        ...
    )-> List[Output]:
    ...
    def stream(
        self,
        ...
    )-> Iterator[Output]:
        ...
    async def astream(
        self,
        ...
    )-> AsyncIterator[Output]:
        ...
    async def astream_log(
        self,
        input:Any,
        ...
    )-> Union[AsyncIterator[RunLogPatch],AsyncIterator[RunLog]]:
        ...
```

在 LangChain 中，為了有效地組合 Runnable 物件，有兩個主要的工具：RunnableSequence 和 RunnableParallel。RunnableSequence 用於順序呼叫一系列 Runnable 物件。它將前一個 Runnable 物件的輸出作為下一個的輸入，從而形成一條處理鏈。你可以使用管道運算子（|）或將 Runnable 物件的串列傳遞給 RunnableSequence 來建構這樣的序列。RunnableParallel 則用於並行呼叫多個 Runnable 物件。它會為每個 Runnable 物件提供相同的輸入，

從而實現任務的並行處理。你可以在序列中使用字典字面額或直接傳遞字典給 RunnableParallel 來建構並行處理鏈。例如：

```
from langchain.schema.runnable import RunnableLambda

def test():
    # 使用 | 運算子建構的 RunnableSequence
    sequence = RunnableLambda(lambda x:x-1)| RunnableLambda(lambda x:x*2)
    print(sequence.invoke(3))#4
    print(sequence.batch([1,2,3]))#[0,2,4]
    # 包含使用字典字面額建構的 RunnableParallel 的序列
    sequence = RunnableLambda(lambda x:x*2)| {
        'sub_1':RunnableLambda(lambda x:x-1),
        'sub_2':RunnableLambda(lambda x:x-2)
    }
    print(sequence.invoke(3))#{'sub_1':5,'sub_2':4}
```

在 LangChain 中，有 6 種基礎元件實現了 Runnable 物件介面，第 2 章的表 2-1 已經列出了這些元件及其輸入和輸出格式，這裡不再贅述。

圖 4-1 展示了不同元件與 Runnable 物件介面之間的關係。

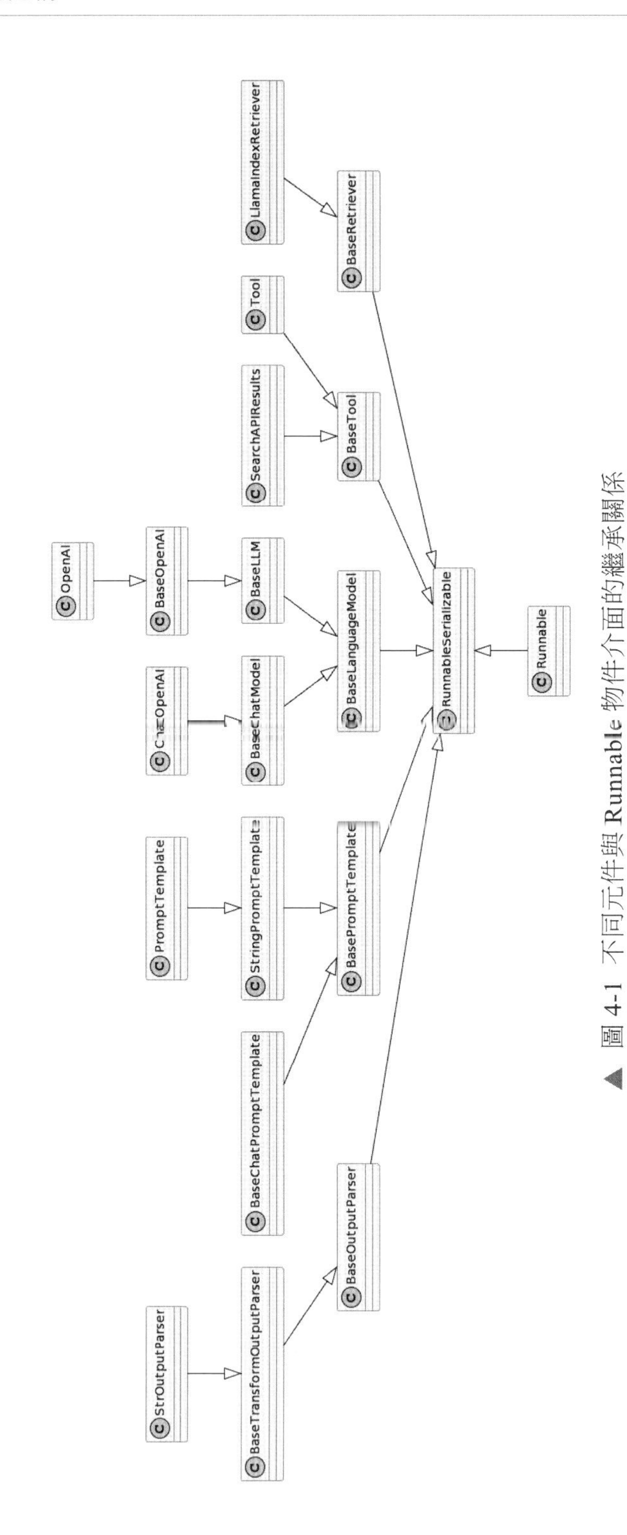

▲ 圖 4-1 不同元件與 Runnable 物件介面的繼承關係

下面我們將圍繞這些關鍵元件對 Runnable 物件介面進行深入了解。

4.2.1 schema

所有繼承 Runnable 物件的元件都需要接收特定格式的輸入，這被稱為輸入模式（input schema）。為了幫助開發者了解每個元件所需的具體輸入模式，LangChain 提供了一個基於 Pydantic 的動態生成模型，這個模型詳細描述了輸入資料的結構，包括必需的欄位及其資料型態。開發者可以透過呼叫 Pydantic 模型的 `.schema()` 方法來獲取輸入模式的 JSON Schema 表示。這種表示形式為開發者提供了一個結構化的視圖，使得理解和實現正確的輸入格式變得簡單直觀，這裡以 Prompt 元件為例：

```
from langchain.chat_models import ChatOpenAI
from langchain.prompts import PromptTemplate
from langchain.schema import StrOutputParser
from dotenv import load_dotenv

# 載入環境變數
load_dotenv()

def test():
    # 建立一個 PromptTemplate 實例，用於生成提示詞
    # 這裡的範本是為生產特定產品的公司取名
    prompt = PromptTemplate.from_template(
        " 給生產 {product} 的公司取一個名字。"
    )

    # 建立 Runnable 序列，包括上述提示範本、聊天模型和字串輸出解析器
    # 這條鏈首先生成提示詞，然後透過 ChatOpenAI 聊天模型進行處理，最後透過 StrOutputParser
    轉換成字串 runnable = prompt | ChatOpenAI()| StrOutputParser()

    # 列印輸入模式的 JSON Schema print(runnable.input_schema.schema())

    # 列印輸出模式的 JSON Schema。這說明了 Runnable 執行後的輸出資料結構
    print(runnable.output_schema.schema())
```

輸入內容為一個 PromptInput 物件，屬性為 product，類型為字串：

```
{
'title':'PromptInput',
'type':'object','properties':{
  'product':{
    'title':'Product',
    'type':'string'
  }
}
}
```

輸出內容格式化過程和輸入同理，下面為一個 StrOutputParserOutput 物件，輸出結果類型是字串：

```
{'title':'StrOutputParserOutput','type':'string'}
```

4.2.2 invoke

LangChain 的 invoke 介面是一個核心功能，它是一個標準化的方法，用於與不同的語言模型進行互動。這個介面的主要作用是向語言模型發送輸入（問題或命令），並獲取模型的回應（回答或輸出）。

在具體的使用場景中，你可以透過 invoke 方法向模型提出具體的問題或請求，該方法將傳回模型生成的回答。這個介面的統一性使得 LangChain 能夠以一致的方式存取不同的語言模型，無論它們背後的具體實現如何。範例程式如下：

```
from langchain.llms import OpenAI
# 初始化一個語言模型實例
model = OpenAI()
# 使用 invoke 方法向模型發送問題
response = model.invoke("什麼是機器學習？")
# 列印出模型的回答
print(response)
```

ainvoke 方法是非同步版本的 invoke，它利用 asyncio 函式庫中的 run_in_executor 方法在一個單獨的執行緒中執行 invoke 方法，以實現非阻塞呼叫。這種方法常用於將傳統的同步程式（阻塞呼叫）轉為非同步呼叫，從而提高程式的回應性和併發性能。這種實現方式適用於 LangChain 中的多個元件，比如，在 Tool 類別中，ainvoke 作為預設實現，支援非同步程式的使用，它透過在一個執行緒中呼叫 invoke 方法，使得函式可以在工具被呼叫時執行。以下是方法宣告：

```
async def ainvoke(
    self,input:Input,config:Optional[RunnableConfig]= None,**kwargs:Any
  )-> Output:
    # 使用 asyncio.get_running_loop 獲取當前執行的事件迴圈
    #asyncio 是 Python 的內建函式庫，用於撰寫單執行緒的併發程式
    #run_in_executor 方法允許你在一個單獨的執行緒中執行一個阻塞的函式呼叫
    return await asyncio.get_running_loop().run_in_executor(
      # 第一個參數 None 表示使用預設的 executor，即預設的執行緒池
      None,
      # 第二個參數是一個使用 functools.partial 建立的函式
      #partial 允許你預先設置函式的一些參數
      # 這裡預先設置了 self.invoke 方法，並傳遞了任意的關鍵字參數（**kwargs）
      partial(self.invoke,**kwargs),
      # 後續的參數 input 和 config 將被傳遞給 partial 函式
      input,config
    )
```

4.2.3 stream

LangChain 的 stream 介面提供了一種流式處理機制，它允許在處理過程中即時傳回資料，無須等待整個資料處理流程完成。這種特性在處理大量資料或需要即時回饋的應用場景中尤為關鍵。

```
from langchain.chat_models import ChatOpenAI
from langchain.prompts import PromptTemplate
from dotenv import load_dotenv
```

```
# 載入環境變數
load_dotenv()

def test():
    # 初始化 ChatOpenAI 模型實例
    # 這個模型用於處理聊天或對話類的語言生成任務
    model = ChatOpenAI()

    # 建立一個 PromptTemplate 實例
    # 這裡的範本用於生成一個故事，其中故事類型由變數 {story_type} 決定
    prompt = PromptTemplate.from_template(
        " 講一個 {story_type} 的故事。"
    )

    # 建立一條處理鏈（Runnable），包含上述提示範本和 ChatOpenAI 聊天模型
    # 這條鏈將使用 PromptTemplate 生成提示詞，然後透過 ChatOpenAI 模型進行處理
    runnable = prompt | model

    # 使用流式處理生成故事
    # 這裡傳入的 story_type 為 " 悲傷 "，模型將根據這個類型生成一個悲傷的故事
    # 這個方法傳回一個迭代器，可以逐步獲取模型生成的每個部分
    for s in runnable.stream({"story_type": " 悲傷 "}):
        # 列印每個生成的部分，end="" 確保輸出連續，無額外換行
        print(s.content,end="",flush=True)
```

像上面這種場景，使用者期望的輸出內容是篇幅較長的故事，為了不讓使用者等待太久，就可以利用 stream 介面即時輸出。

astream 方法是非同步版本的 stream，astream 的預設實現呼叫了 ainvoke，以下是方法宣告：

```
async def astream(
        self,
        input:Input,
        config:Optional[RunnableConfig]= None,
        **kwargs:Optional[Any],
    )-> AsyncIterator[Output]:
        # 使用 await 關鍵字調用 ainvoke 方法
```

```
    # ainvoke 是一個非同步方法，它接收相同的輸入和配置參數，並傳回一個輸出
    # **kwargs 是一個關鍵字參數字典，它將所有額外的參數傳遞給 ainvoke
    yield await self.ainvoke(input,config,**kwargs)
```

astream 函式是一個非同步生成器（AsyncGenerator），它使用 yield 敘述產生從 ainvoke 方法傳回的結果。這種設計模式使得函式能夠以串流的形式逐步產生輸出，而非一次性傳回所有結果。這對處理需要逐步獲取結果的長時間執行的任務特別有用，舉例來說，在處理大模型生成的文字時，可以逐段獲取輸出，而不必等待整個文字生成完畢。

4.2.4 batch

LangChain 的 batch 方法是一種高效的批次處理功能，它允許同時處理多個輸入。當呼叫 batch 方法時，首先會檢查輸入是否存在。如果輸入為空，batch 方法會直接傳回一個空串列。接著，根據輸入的數量，batch 方法會建立一個配置清單，並定義一個局部函式 invoke 來處理單一輸入。最後，利用執行器（executor）並行處理這些輸入，從而顯著提高處理效率。對於單一輸入的情況，batch 方法會直接呼叫 invoke 函式進行處理。這種批次處理方式在處理大量請求時特別高效，因為它能夠充分利用並行處理的優勢，大幅提高整體性能。

```
def batch(
        self,
        inputs:List[Input],
        config:Optional[Union[RunnableConfig,List[RunnableConfig]]]= None,
        *,
        return_exceptions:bool = False,
        **kwargs:Optional[Any],
    )-> List[Output]:
    """
    預設的批次處理實現，它會呼叫 invoke 方法 N 次。
    如果子類別能夠更高效率地實現批次處理，應該重寫此方法。
    """
    if not inputs:
        return[]# 如果沒有輸入，傳回空串列
```

```
# 獲取配置清單，用於每個輸入
configs = get_config_list(config,len(inputs))

def invoke(input:Input,config:RunnableConfig)-> Union[Output,Exception]:
    # 如果需要傳回異常，則嘗試呼叫 invoke 並捕捉異常
    if return_exceptions:
        try:
            return self.invoke(input,config,**kwargs)
        except Exception as e:
            return e
    else:
        # 正常呼叫 invoke 方法
        return self.invoke(input,config,**kwargs)

# 如果只有一個輸入，則無須使用執行器
if len(inputs)== 1:
    return[invoke(inputs[0],configs[0])]

# 使用執行器並行處理多個輸入
with get_executor_for_config(configs[0])as executor:
    # 使用 executor.map 並行呼叫 invoke 方法
    # 將 inputs 和 configs 傳遞給 invoke
    # 傳回執行結果串列
    return list(executor.map(invoke,inputs,configs))
```

abatch 方法是 batch 方法的非同步版本，它同樣處理多個輸入，但所有的呼叫都是非同步的，使用 gather_with_concurrency 函式併發執行所有的非同步呼叫，並等待它們全部完成。

4.2.5 astream_log

astream_log 是 LangChain 中的非同步方法，它支援流式處理並記錄執行過程中的每一步變化。該方法利用 LogStreamCallbackHandler 建立一個日誌串流，允許開發者根據特定條件包含或排除某些類型的日誌。透過非同步迭代

流式輸出，astream_log 生成日誌物件（RunLogPatch）或狀態物件（RunLog），這些物件對於追蹤和分析 Runnable 元件的行為非常有幫助。這種方法使得開發者能夠即時監控和理解 Runnable 元件的執行情況，從而更進一步地偵錯和最佳化 AI 應用。下面是關鍵程式及說明：

```
async def astream_log(
    ...
    # 各種包含和排除條件
    include_names:Optional[Sequence[str]]= None,
    include_types:Optional[Sequence[str]]= None,
    include_tags:Optional[Sequence[str]]= None,
    exclude_names:Optional[Sequence[str]]= None,
    exclude_types:Optional[Sequence[str]]= None,
    exclude_tags:Optional[Sequence[str]]= None,
    **kwargs:Optional[Any],
)-> Union[AsyncIterator[RunLogPatch],AsyncIterator[RunLog]]:
    """
    實現一個非同步流式日誌記錄功能
    """

    # 建立一個日誌流處理器，用於處理日誌
    stream = LogStreamCallbackHandler(
        # 各種參數設置
        auto_close=False,
        include_names=include_names,
        ...
    )

    # 設置回呼
    config = config or{}
    callbacks = config.get("callbacks")
    if callbacks is None:
        config["callbacks"]= [stream]
    ...
    else:
        # 處理異常情況
        raise ValueError("Unexpected type for callbacks")
```

```
# 非同步獲取流式輸出，並將其發送到日誌流
async def consume_astream()-> None:
    ...

# 在任務中啟動流式處理
task = asyncio.create_task(consume_astream())

try:
    # 從輸出流中生成每一塊
    if diff:
        async for log in stream:
            yield log
    else:
        state = RunLog(state=None)
        async for log in stream:
            state = state + log
            yield state
finally:
    # 等待任務完成
    try:
        await task
    except asyncio.CancelledError:
        pass
```

4.3 LCEL 高級特性

LCEL 的重要性不言而喻，本節將對它的高級特性進行詳細拆解。

4.3.1 ConfigurableField

LCEL 允許為元件設置靈活的配置項，這些配置可以是簡單的數值、字串，也可以是複雜的結構，如字典或自訂物件。配置項的使用極大地增強了元件的靈活性和可訂製性，主要表現在以下幾個方面。首先，當元件需要根據不同情況

調整行為時，ConfigurableField 可以傳遞相應的參數，使同一元件能夠在不同環境或條件下以不同的方式執行。這為參數化元件行為提供了便利。其次，為了建構更加靈活和可擴充的處理鏈，ConfigurableField 支援元件行為可配置，以適應不同的資料登錄或使用者需求。最後，在進行資源密集型操作時，透過調整 ConfigurableField 中的性能相關參數，如記憶體使用量、併發等級等，可以在不犧牲功能的前提下最佳化性能。這些功能使得 LangChain 能夠更進一步地滿足多樣化的應用需求，同時保持高效執行。

4.3.2 RunnableLambda

RunnableLambda 是 LCEL 中的抽象概念，用於將普通函式轉為與 LCEL 元件相容的函式：

```
from langchain_core.runnables import RunnableLambda
def add(x):
    return x + x
def multiply(x):
    return x*2
add_runnable = RunnableLambda(add)
multiply_runnable = RunnableLambda(multiply)
chain = add_runnable | multiply_runnable
# 輸出 12
print(chain.invoke(3))
# 輸出 16
print(chain.invoke(4))
```

上面的程式範例設計了 add 和 multiply 函式進行實驗，表示透過 RunnableLambda 能夠輕鬆地將普通的 Python 函式整合到 LangChain 的處理鏈中。

4.3.3 RunnableBranch

RunnableBranch 是一種重要的路由機制，它用於決定在處理鏈的哪個環節執行哪個特定元件。這種機制允許根據輸入資料或執行時期狀態動態選擇不同的執行路徑。舉例來說，一個處理鏈可能會根據使用者輸入的不同，呼叫不同的語言模型或執行不同的資料處理步驟。這個機制主要適用於幾個場景。首先，它可以實現自訂處理邏輯，在處理鏈中根據特定邏輯或條件，透過 RunnableBranch 分叉出不同的執行路徑。其次，在需要根據使用者輸入或上下文動態生成內容的應用中，RunnableBranch 可以選擇不同的內容生成策略。此外，RunnableBranch 還能透過提供給使用者訂製化的回應或內容來提升使用者體驗，它能根據使用者的需求和行為動態調整處理鏈的行為，從而生成更加個性化的結果。

圖 4-2 比較直觀地展示了 RunnableBranch 的工作機制。輸入串流向一個決策節點 RunnableBranch，基於不同的使用者輸入或執行時期狀態，RunnableBranch 將決定流程向哪個方向繼續。模型 A 和模型 B，以及資料處理步驟 X 和資料處理步驟 Y 表示根據輸入和狀態分叉出的不同路徑，內容生成策略和訂製化內容回應表示進一步的處理。

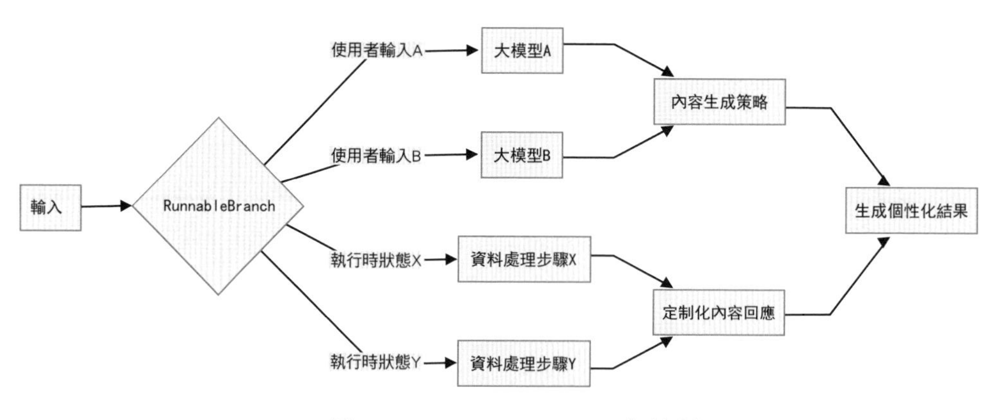

▲ 圖 4-2 RunnableBranch 工作機制

4.3.4 RunnablePassthrough

LCEL 提供了強大的綁定功能，允許使用者在處理鏈的特定步驟或整個鏈時綁定變數或值，從而簡化資料在鏈各步驟之間的傳遞和共用。這種綁定機制在多種場景中特別實用。

- **資料傳遞與轉換**：在需要確保資料在傳遞過程中保持不變的場景中，`RunnablePassthrough` 可以作為一個中繼站，保證資料的完整性。
- **複雜處理鏈建構**：在建構複雜的處理鏈時，`RunnablePassthrough` 可以作為一個預留位置，使得開發者可以在不影響鏈結構的情況下，後期再決定如何填充該步驟。
- **開發與偵錯**：在需要暫時跳過某個步驟以專注於其他部分的開發和偵錯時，`RunnablePass-through` 可以用來臨時替換步驟，而無須更改其他程式。
- **條件執行**：在需要根據特定條件決定是否執行某操作的場景中，`Runnable Passthrough` 可以根據條件決定是直接傳遞資料還是執行特定操作。

透過這些功能，`RunnablePassthrough` 不僅提高了資料處理的靈活性，還簡化了開發和偵錯過程，使得建構和維護複雜的處理鏈變得更加高效。

4.3.5 RunnableParallel

`RunnableParallel` 是一種在 LangChain 中將單一輸入應用於多個操作的機制，能夠同時並存執行這些操作。這種並存執行方式與傳統的循序執行相比，在處理效率上有顯著提升，特別是在處理大量資料或任務時。這個機制在幾種場景下尤為適用。首先，在大規模資料處理場景中，如需要對大量文字或查詢執行相同操作，並存執行能夠顯著加快處理速度。其次，在使用者互動密集的應用中，例如聊天機器人或線上問答系統，採用並存執行可以提升系統對多個使用者請求的回應速度。最後，對於那些需要多步驟處理的複雜任務，可以將它們分解成多個子任務並並存執行，這樣可以大幅縮短整體的處理時間。

下面是一個 RunnableParallel 和 RunnablePassthrough 結合使用的例子，問題 1 的輸入經過 RunnableParallel 觸發兩個操作，一個操作用於檢索和問題 1 相關的上下文，另一個操作用於和 RunnablePassthrough 傳入的值組合出新的問題 2，整個流程如圖 4-3 所示。

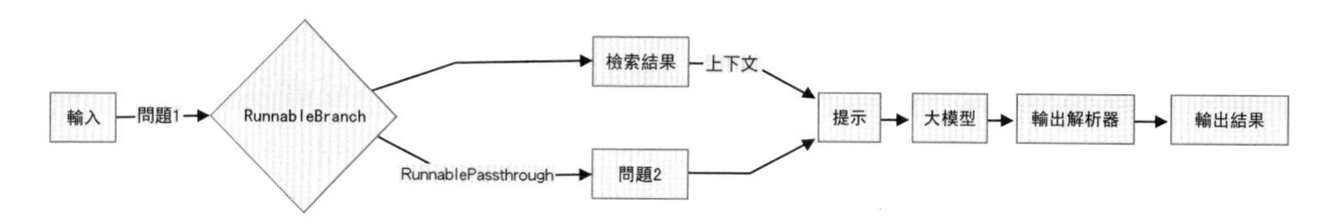

▲ 圖 4-3 RunnableParallel 和 RunnablePassthrough 結合使用範例

4.3.6 容錯機制

with_fallbacks 是 LCEL 中的一種錯誤處理機制，旨在應對處理鏈中某個環節的故障。當鏈中的某個元件（如語言模型、資料檢索器或其他可執行元件）無法成功完成其任務時，with_fallbacks 允許鏈選擇另一條路徑繼續執行，確保整個鏈的執行不會因為單一元件的故障而中斷。這種機制在多個場景中都非常有用。首先，對於生產環境中的應用，確保連續穩定執行至關重要。透過配置 with_fallbacks，可以在原始元件遇到問題時迅速切換到備用方案，從而增強應用的整體可靠性和穩定性。其次，當處理具有不確定性或動態變化的資料時，原有的處理邏輯可能無法提供有效結果，with_fallbacks 可以在這種情況下提供一種安全網，確保即使最初的策略失敗，也有其他方案可嘗試。以下面的程式為例，llm 物件會在 baidu_llm 呼叫失敗的時候自動選擇 ali_llm：

```
baidu_llm = QianfanChatEndpoint(request_timeout=10)
ali_llm = ChatTongyi(max_retries=0)
llm = ali_llm.with_fallbacks([baidu_llm])
try:
```

```
    print(llm.invoke("魯迅和周樹人是同一個人嗎？"))
except LangChainException:
    print("執行失敗")
try:
    print(ali_llm.invoke("魯迅和周樹人是同一個人嗎？"))
except LangChainException:
print("baidu_llm 執行成功")
```

4.4 Chain 介面

儘管 LangChain 運算式語言為建構鏈提供了強大和靈活的新方法，但傳統的 Chain 介面依然具有不可替代的價值。首先，對已經基於傳統 Chain 介面建構的應用，繼續使用這一介面可以確保專案的相容性，無須重寫程式，從而保證專案的穩定性。其次，傳統 Chain 介面因其直觀和易於理解的特性，在簡單應用或小型專案中更為便捷，尤其適合 LangChain 新手快速上手。再者，在特定場景或需求下，傳統 Chain 介面可能提供了 LCEL 所沒有的特殊功能或更直接的解決方案。最後，作為 LangChain 的基礎概念，理解傳統 Chain 介面也是掌握其核心理念的有效途徑。因此，專門探討傳統 Chain 介面在相容性、好用性和特定場景下的適用性，對開發者來說是非常有價值的。

4.4.1 Chain 介面呼叫

使用 Chain 介面執行鏈的 5 種方式如下：

```
from langchain.prompts import PromptTemplate
from langchain.llms.openai import OpenAI
from langchain.chains import LLMChain
from dotenv import load_dotenv
# 載入環境變數
load_dotenv()

prompt_template = "給生產 {product} 的公司取一個名字。"
```

```
llm = OpenAI(temperature=0)
llm_chain = LLMChain(
    llm=llm,
    prompt=PromptTemplate.from_template(prompt_template)
)
print(llm_chain(" 兒童玩具 "))
print(llm_chain.run(" 兒童玩具 "))
llm_chain.apply([{"product":" 兒童玩具 "}])
llm_chain.generate([{"product":" 兒童玩具 "}])
llm_chain.predict(product=" 兒童玩具 ")
```

4.4.2 自訂 Chain 實現

下面使用 LangChain 中提供的基本模組，結合提示範本和語言模型來建立一個自訂的處理鏈 MyCustomChain，它支援同步呼叫和非同步呼叫，並透過回呼管理器來記錄鏈的執行資訊：

```
from typing import Any,Dict,List,Optional

from langchain.pydantic_v1 import Extra
from langchain.base_language import BaseLanguageModel
from langchain.callbacks.manager import(
    AsyncCallbackManagerForChainRun,
    CallbackManagerForChainRun,
)
from langchain.chains.base import Chain
from langchain.prompts.base import BasePromptTemplate

class MyCustomChain(Chain):
    # 定義鏈使用的提示範本和語言模型
    prompt:BasePromptTemplate
    llm:BaseLanguageModel
    output_key:str = "text"# 輸出的鍵，預設為 "text"

    class Config:
        extra = Extra.forbid# 禁止增加未宣告的屬性
        arbitrary_types_allowed = True# 允許使用任意類型的欄位
```

```
# 傳回提示範本中定義的輸入變數
@property
def input_keys(self)-> List[str]:
    return self.prompt.input_variables

# 傳回允許直接輸出的鍵，這裡只有一個 "text"
@property
def output_keys(self)-> List[str]:
    return[self.output_key]

# 同步呼叫方法
def_call(
    self,
    inputs:Dict[str,Any],
    run_manager:Optional[CallbackManagerForChainRun]= None,
)-> Dict[str,str]:
    # 使用提示範本和輸入變數生成提示詞
    prompt_value = self.prompt.format_prompt(**inputs)
    # 呼叫語言模型生成回應，並（可選地）使用回呼管理器
    response = self.llm.generate_prompt(
        [prompt_value],callbacks=run_manager.get_child()if run_manager else None
    )
    # 如果存在回呼管理器，記錄執行日誌
    if run_manager:
        run_manager.on_text("Log something about this run")

    # 傳回包含生成文字的字典
    return{self.output_key:response.generations[0][0].text}

# 非同步呼叫方法
async def_acall(
    self,
    inputs:Dict[str,Any],
    run_manager:Optional[AsyncCallbackManagerForChainRun]= None,
)-> Dict[str,str]:
    prompt_value = self.prompt.format_prompt(**inputs)
    # 非同步呼叫語言模型生成回應
    response = await self.llm.agenerate_prompt(
```

```
            [prompt_value],callbacks=run_manager.get_child()if run_manager else None
        )
        # 如果存在回呼管理器，記錄執行日誌
        if run_manager:
            await run_manager.on_text("Log something about this run")

        # 傳回包含生成文字的字典
        return{self.output_key:response.generations[0][0].text}

    # 傳回自訂鏈的類型名稱
    @property
    def_chain_type(self)-> str:
        return"my_custom_chain"
```

然後在程式中使用自訂鏈：

```
from langchain.prompts import PromptTemplate
from langchain.llms.openai import OpenAI

prompt_template = " 給生產 {product} 的公司取一個名字。"
llm = OpenAI(temperature=0)
custom_chain = MyCustomChain(llm=llm,prompt=PromptTemplate.from_template(prompt_
template))print(custom_chain(" 杯子 "))
```

透過上面的例子可以發現，訂製一個 Chain 非常容易，而 LangChain 貼心地內建了常用功能的 Chain，我們能夠直接在自己的程式中引用。Chain 主要分為兩種類型。

- **工具 Chain**：既能控制 Chain 的呼叫順序，也能合併不同的 Chain。
- **專用 Chain**：和工具 Chain 相比，主要面向專用場景，可以和工具 Chain 組合起來使用，也可以直接使用。

4.4.3 工具 Chain

工具 Chain 的功能包括下面這些。

路由功能

- `RouterChain`：LangChain 提供的一種用於路由的基礎 Chain 類別，根據不同的條件動態選擇下一個要執行的 Chain。`RouterChain` 由兩部分組成：`RouterChain` 本身（負責選擇下一個要呼叫的 Chain），以及 `destination_chains`（`RouterChain` 可以路由到的目標 Chain）。

- `LLMRouterChain`：使用大模型來決定如何進行路由，它基於模型的輸出來選擇應該執行哪個 Chain。

- `EmbeddingRouterChain`：用嵌入向量和相似性在不同的目標 Chain 之間進行路由。

- `MultiPromptChain`：用於選擇和提示詞最相關的問答 Chain。它結合多種提示詞，並根據給定問題選擇最合適的提示詞，然後使用該提示詞發問。

順序呼叫功能

- `SequentialChain`：一個更通用的順序鏈類別，允許多個輸入 / 輸出。它使得鏈的每一步可以擁有多個獨立的輸入和輸出，適用於更複雜的場景。

- `SimpleSequentialChain`：這是順序鏈的最簡單形式，每一步都有單一的輸入 / 輸出，鏈的每一步的輸出直接成為下一步的輸入。它適用於更簡單的場景，如逐步處理或資料轉換。

轉換功能

TransformChain：用於對輸入資料進行轉換，可以定義一個轉換函式，該函式接收輸入資料並傳回轉換後的資料。

了解完工具 Chain，下面看看專用 Chain。

4.5 專用 Chain

針對大模型的典型應用場景，LangChain 都做了封裝，開箱即用。

4.5.1 對話場景

ConversationalRetrievalChain 的作用是結合大模型、向量儲存（Vector Store）和對話歷史儲存（memory）來處理對話式的資訊檢索，它透過自然語言查詢提出問題，並從預先載入的文件中檢索相關資訊。這種方法特別適用於對話式的問答系統，可以根據之前的對話上下文來增強答案的相關性和準確性。範例如下：

```
def test_converstion():
    # 載入文件
    loader = TextLoader("./test.txt")
    documents = loader.load()
    # 將文件分割為較小的段落
    text_splitter = CharacterTextSplitter(chunk_size=1000,chunk_overlap=0)
    documents = text_splitter.split_documents(documents)
    # 使用 OpenAI 生成文件的嵌入
    embeddings = OpenAIEmbeddings()
    # 使用 Chroma 建構向量儲存，便於後續檢索
    vectorstore = Chroma.from_documents(documents,embeddings)
    # 設置對話歷史儲存
    memory = ConversationBufferMemory(memory_key="chat_history",return_messages=True)
    # 建立 ConversationalRetrievalChain 實例
```

```
qa = ConversationalRetrievalChain.from_llm(OpenAI(temperature=0),vectorstore.as_
                                            retriever(), memory=memory)
# 進行第一次查詢
query = " 這本書包含哪些內容？ "
result = qa({"question":query})
print(result)
# 儲存聊天歷史，用於下一次查詢
chat_history = [(query,result["answer"])]
# 進行第二次查詢，包括之前的聊天歷史
query = " 還有要補充的嗎？ "
result = qa({"question":query,"chat_history":chat_history})
print(result["answer"])
```

4.5.2 基於文件問答場景

RetrievalQA 是 LangChain 中用於結合文件檢索和問答的鏈，它使用嵌入模型和文件搜尋引擎來檢索與查詢相關的文件，快速找到準確資訊。範例如下：

```
def test_qa():
    # 載入文件
    loader = TextLoader("./test.txt")
    documents = loader.load()
    # 將文件分割為小塊
    text_splitter = CharacterTextSplitter(chunk_size=1000,chunk_overlap=0)
    texts = text_splitter.split_documents(documents)
    # 使用 OpenAI 的嵌入模型
    embeddings = OpenAIEmbeddings()
    # 使用 Chroma 建構文件搜尋索引
    docsearch = Chroma.from_documents(texts,embeddings)
    # 載入問答鏈
    qa_chain = load_qa_chain(OpenAI(temperature=0),chain_type="map_reduce")
    # 建立 RetrievalQA 實例
    qa = RetrievalQA(combine_documents_chain=qa_chain,retriever=docsearch.as_
    retriever())
    # 執行問答系統
    qa.run("LangChain 支援哪些程式設計語言？ ")
```

4.5.3 資料庫問答場景

SQLDatabaseChain 是 LangChain 提供的一種特殊類型的 Chain，透過結合大模型和 SQL 資料庫，它能夠解析自然語言查詢，並將其轉為 SQL 敘述以執行資料庫查詢，它還具有查詢檢查功能，可以在執行查詢前驗證和檢查生成的 SQL 敘述，確保安全性和準確性。範例如下：

```
# 測試資料庫鏈的功能
def test_db_chain():
    # 建立一個 SQL 資料庫實例，連接到 SQLite 資料庫
    db = SQLDatabase.from_uri("sqlite:///../user.db")

    # 建立一個 OpenAI 的 LLM 實例，設置溫度參數和詳細模式
    llm = OpenAI(temperature=0,verbose=True)

    # 建立 SQLDatabaseChain 實例，結合 LLM 和資料庫，開啟詳細模式和查詢檢查器
    db_chain = SQLDatabaseChain.from_llm(llm,db,verbose=True,use_query_checker=True)

    # 執行鏈並發起查詢：" 有多少使用者？ "
    db_chain.run(" 有多少使用者？ ")
```

4.5.4 API 查詢場景

APIChain 允許將大模型的理解能力與外部 API 的功能結合，它透過自然語言理解生成 API 查詢，使得應用程式能夠以更直觀的方式與外部服務進行互動。下面的例子中，APIChain 結合了模型的自然語言處理能力和播客 API 的搜尋功能，實現了基於自然語言的播客內容搜尋：

```
LISTENNOTES_API_KEY = os.environ.get("LISTENNOTES_API_KEY")
# 建立 OpenAI 模型實例，並設置溫度參數為 0。設置播客 API 的存取金鑰
llm = OpenAI(temperature=0)
headers = {"X-ListenAPI-Key":LISTENNOTES_API_KEY}
chain = APIChain.from_llm_and_api_docs(llm,podcast_docs.PODCAST_DOCS,headers=headers,
                                        verbose=True)
```

```
# 使用 chain.run 方法執行 APIChain，傳入自然語言查詢，搜尋關於 ChatGPT 的節目，要求時長
# 超過 30 分鐘，且只傳回一筆結果
chain.run(" 搜尋關於 ChatGPT 的節目，要求時長超過 30 分鐘，只傳回一筆結果 ")
```

4.5.5 文字總結場景

```
def test_summary():
    text_splitter = CharacterTextSplitter()
    # 讀取檔案中的文字內容
    with open("./test.txt")as f:
        state_of_the_union = f.read()
    # 利用文字分割器將長文字分割成更小的部分
    texts = text_splitter.split_text(state_of_the_union)
    # 將每段文字轉換為 Document 物件
    docs = [Document(page_content=t)for t in texts[:3]]
    # 使用 load_summarize_chain 函式載入摘要處理鏈
    chain = load_summarize_chain(OpenAI(temperature=0),chain_type="map_reduce")
    chain.run(docs)
```

load_summarize_chain 呼叫實際上傳回了一個名為 BaseCombineDocumentsChain 的物件。這個物件提供了 4 種模式：StuffDocumentsChain、RefineDocumentsChain、MapReduceDocumentsChain 和 MapRerankDocumentsChain，它們以不同的方式處理文件的組合，對涉及多個文件的任務特別有用。舉例來說，這些模式可以用於展示問題答案的引用來源或生成文件摘要等場景。下一章將深入探討這些模式的具體用例和工作原理，以便大家更進一步地理解它們在實際應用中的作用。

在本章中，我們深入了解了 LangChain 中至關重要的鏈模組。接下來，我們將轉向檢索增強生成領域，這是一個由於大模型廣泛應用而興起的熱門技術賽道，我們將探討這一領域的最新進展和應用。

MEMO

第 5 章 RAG

儘管大模型對世界有著廣泛的認識，但它們並非全知全能。由於訓練這些模型需要耗費大量時間，因此它們所依賴的資料可能已經過時。此外，大模型雖然能夠理解網際網路上的通用事實，但往往缺乏對特定領域或企業專有資料的了解，而這些資料對於建構基於 AI 的應用至關重要。

在大模型出現之前，微調（fine-tuning）是一種常用的擴充模型能力的方法。然而，隨著模型規模的擴大和訓練資料量的增加，微調變得越來越不適用於大多數情況，除非需要模型以指定風格進行交流或充當領域專家的角色，一個顯著的例子是 OpenAI 將補全模型 GPT-3.5 改進為新的聊天模型 ChatGPT，微調效果出色。微調不僅需要大量的高品質資料，還消耗巨大的運算資源和時間，這對許多個人和企業使用者來說是昂貴且缺乏的資源。

因此，研究如何有效地利用專有資料來輔助大模型生成內容，成為了學術界和工業界的重要領域。這不僅能夠提高模型的實用性，還能夠減輕對微調的依賴，使得 AI 應用更加高效和經濟。

5.1 RAG 技術概述

本章將詳細介紹檢索增強生成（retrieval-augmented generation，RAG）技術，這種技術基於提示詞，最早由 Facebook AI 研究機構（FAIR）與其合作者於 2021 年發佈的論文「Retrieval-Augmented Generation for Knowledge-Intensive NLP Tasks」中提出，RAG 的作用是幫助模型查詢外部資訊以改善其回應。RAG 技術十分強大，它已經被必應搜尋、百度搜尋以及其他大公司的產品所採用，旨在將最新的資料融入其模型。在沒有大量新資料、預算有限或時間緊張的情況下，這種方法也能取得不錯的效果，而且它的原理足夠簡單。RAG 結合了檢索（從大型文件系統中獲取相關文件部分）和生成（模型使用這些部分中的資訊生成答案）兩部分，主要在以下三方面彌補了大模型的一些缺陷。

- **知識更新**：大型預訓練語言模型在訓練資料停止更新後，其知識也會停止更新。RAG 透過在生成過程中即時檢索最新的文件或資訊，來提供更加準確和時效性強的回答。

- **引用外部資料**：傳統的生成模型僅能依賴其訓練資料中的知識。RAG 透過檢索外部資料來源，能夠引用模型訓練資料之外的資訊。

- **提高準確性**：模型在生成回答時，RAG 技術能夠利用檢索到的文件來提高回答的準確性。

檢索增強生成技術在具體實現方式上可能有所變化，但在概念層面，將其融入應用通常包括以下幾個步驟，如圖 5-1 所示。

1. 使用者提交一個問題。
2. RAG 系統搜尋可能回答這個問題的相關文件。這些文件通常包含了專有資料，並被儲存在某種形式的文件索引裡。
3. RAG 系統建構一個提示詞，它結合了使用者輸入、相關文件以及對大模型的提示詞，引導其使用相關文件來回答使用者的問題。
4. RAG 系統將這個提示詞發送給大模型。
5. 大模型基於提供的上下文傳回對使用者問題的回答，這就是系統的輸出結果。

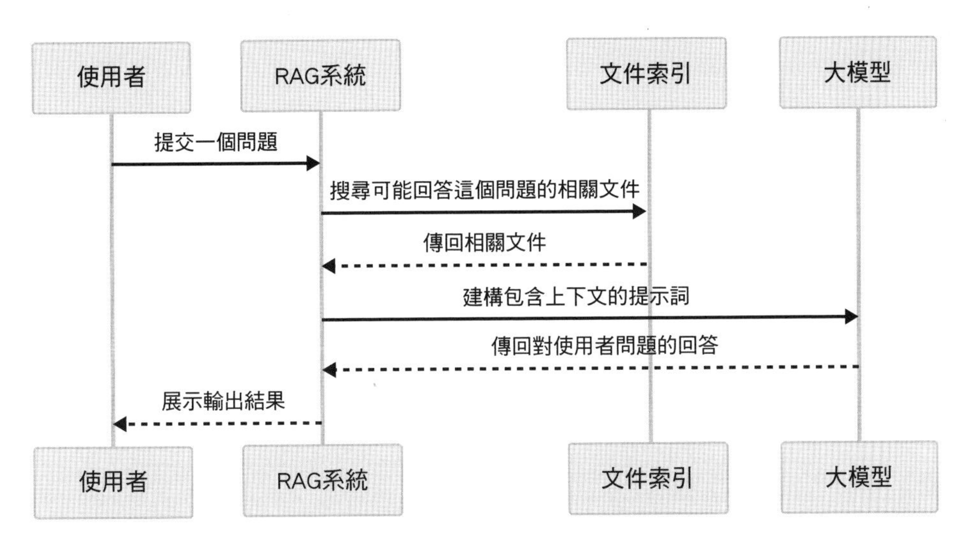

▲ 圖 5-1 RAG 應用時序圖

在實際的生產環境中，通常會面對來自多種通路的資料，其中很大一部分是複雜的非結構化資料，處理這些資料，特別是提取和前置處理，往往是最耗費精力的任務之一。社區開發者們意識到了這個挑戰，因此 LangChain 提供了專門的文件載入和分割模組。RAG 技術的每個階段都在 LangChain 中得到完整的實現。接下來，我們一起深入探索 LangChain 中的 RAG 元件，看看用它如何實現一個典型的知識問答應用，如圖 5-2 所示。

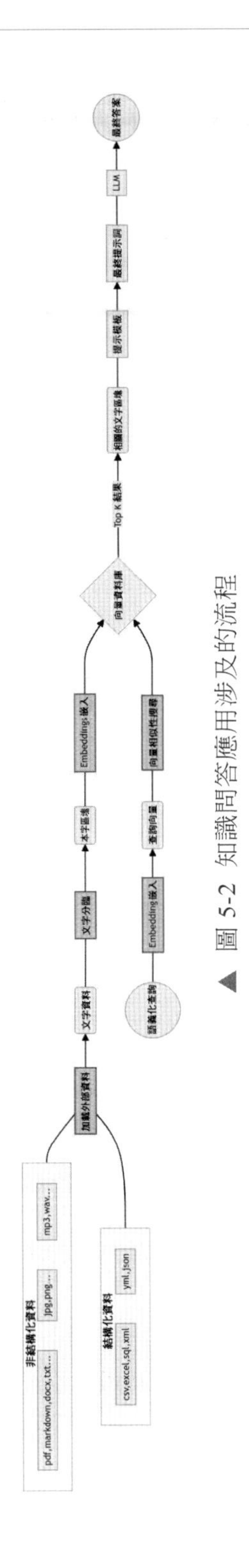

▲ 圖 5-2 知識問答應用涉及的流程

5.2 LangChain 中的 RAG 元件

在 LangChain 中，RAG 的實現涉及一系列元件，它們共同協作以實現整個功能。

- **載入器**：用於資料提取環節，負責從外部資料來源（如 PDF、網頁、Word 檔案等）提取資料。
- **分割器**：用於資料前置處理環節，將提取的原始資料分割成較小的文字區塊，便於後續處理。
- **文字嵌入模型**：用於嵌入環節，將分割後的文字區塊轉為向量，以便進行高效的資訊檢索。
- **索引**：建立向量索引，以加快查詢速度，儲存文字區塊的向量表示。
- **檢索器**：用於檢索環節，根據一個非結構化的查詢傳回匹配的文件。
- **LLM 歸納生成**：大模型結合查詢問題和檢索到的文件，生成答案。

5.2.1 載入器

在 LangChain 中，載入器（loader）扮演著重要角色。這些元件專門用於從多樣化的資料來源（如資料庫、API 或檔案系統）載入和處理資料。載入器的主要任務是讀取資料，並將其轉為適合模型處理的格式。舉例來說，在基於文字的機器學習模型中，載入器可以從文字檔中提取資料，進行必要的清洗和前置處理（如去除無關字元或進行分詞），再轉換成模型可以解析的形式。

LangChain 中的載入器功能豐富，針對不同類型的資料格式提供了相應的處理邏輯。舉例來說，`PyMuPDFLoader` 用於提取 PDF 檔案，`UnstructuredMarkdownLoader` 用於處理 Markdown 檔案，`UnstructuredWordDocumentLoader` 用於解析 Word 文件，`UnstructuredURLLoader` 則用於提取網頁內容。這些元

件的核心目標是提供一種高效且自動化的方式，以便於資料處理和模型訓練環節順利進行。在 LangChain 的 `langchain/document_loaders/init.py` 路徑下，可以找到其支援的所有資料載入器類型，進一步了解它們的具體應用和功能：

```
...
"TextLoader",    # 常規文字載入
"TomlLoader",    #TOML 格式內容載入
"TrelloLoader",#Trello 軟體內容載入
"UnstructuredCSVLoader",#CSV 格式內容載入
"UnstructuredEPubLoader",#EPUB 格式內容載入
"UnstructuredExcelLoader",#Excel 格式內容載入
"UnstructuredHTMLLoader",#HTML 格式內容載入
"UnstructuredImageLoader",# 影像格式內容載入
"UnstructuredMarkdownLoader",#Markdown 格式內容載入
"UnstructuredPDFLoader", #PDF 格式內容載入
"UnstructuredPowerPointLoader",#PPT 格式內容載入
"UnstructuredXMLLoader",#XML 格式內容載入
...
```

下面以提取 Web 內容的 `UnstructuredURLLoader` 為例說明提取的重要中繼資料：

```
from langchain.document_loaders import UnstructuredURLLoader
def test():
    # 從遠端 URL 中使用 Unstructured 載入檔案
    #elements 模式，表示非結構化函式庫將文件拆分為標題和敘述文字等元素
    loader = UnstructuredURLLoader(
        urls=["https://www.baidu.com"],mode="elements",strategy="fast",
    )
    docs = loader.load()
    print(docs)
```

傳回的中繼資料結果中引用檔案類型 `filetype`、連結連結 `link_urls`、連結文字 `link_texts` 等。根據檔案格式的不同，提取的關鍵中繼資料也不一樣，比如從 PDF 檔案中提取檔案名稱、時間、章節標題等資訊。這麼強大的解析功能，得益於 `load` 方法的實現，提供了靈活的可擴充性。

```
[Document(page_content=' 新聞 ',metadata={'filetype':'text/html','category_depth':0,'lan
guages':['vie'],'page_number':1,'url':'https://www.baidu.com','link_urls':
['http://news.baidu.com'],'link_texts':[' 新聞 '],'category':'Title'}),Document(pa
ge_content=' 地圖 ',metadata={'filetype':'text/html','category_depth':0,'languages'
:['vie'],'page_number':1,'url':'https://www.baidu.com','link_urls':['http://map.
baidu.com'],'link_texts':[' 地圖 '],'category':'Title'}),Document(page_content=' 貼
吧 ',metadata={'filetype':'text/html','category_depth':0,'languages':['vie'],'page_
number':
1,'url':'https://www.baidu.com','link_urls':['http://tieba.baidu.com'],'link_texts':
[' 貼吧 '],'category':'Title'}),Document(page_content=' 登入 ',metadata={'filetype':'text/
html','category_depth':0,'languages':['vie'],'page_number':1,'url':'https://www.baidu.
com','link_urls':['http://www.baidu.com/bdorz/login.gif?login&tpl=mn&u=http%3A%2F%2F
www.baidu.com%2f%3fbdorz_come%3d1'],'link_texts':[' 登入 '],'category':'Title'})
...]
```

5.2.2 分割器

在 LangChain 中，分割器（splitter）是一個專門用於處理長文字的元件。在自然語言處理（NLP）和機器學習領域，直接處理大型文件既複雜又耗費運算資源，而分割器可以將長文字劃分為更小、更易於處理的單元。分割器的主要功能如下。

- **句子拆分**：將文字拆分成獨立的句子。這對於需要在句子層面進行分析的任務（例如情感分析或句子分類）至關重要。
- **段落拆分**：按段落分割文字，這在處理長篇文章或需要理解文字結構的任務中特別有效。
- **分頁處理**：在處理長文件（如書或報告）時，分割器能夠根據頁面或章節進行分割，使得文件更易於管理和分析。

1. 固定大小的分塊方式

在 LangChain 中，固定大小分塊是一種常用的文字處理方法，它根據嵌入模型的特性，通常選擇 256 或 512 個 token 作為分塊的大小。為了確保文字的語義連貫性，分塊之間會有一定的重疊區域，防止重要資訊在分塊時遺失。舉例來說，句子「我們明天晚上應該去踢場球」可能會被分為「我們明天晚上應該」和「去踢場球」兩部分，這樣的分割在文字檢索時可能導致資訊不完整。為了解決這個問題，可以在每個分塊中保留一定的容錯內容。舉例來說，在 512 個 token 的分塊中，實際上只處理 48 個 token，同時保留相鄰分塊的一部分內容。這種策略有助在分塊時保持文字的整體意義，確保在後續的文字處理和檢索任務中，關鍵資訊不會被遺漏。

與其他類型的文字分塊方法相比，固定大小分塊具有計算成本低、簡單好用的優勢，而且不需要依賴其他自然語言處理函式庫。這使得它成為處理大量文字時的理想選擇。以下範例展示了如何在 LangChain 中執行固定大小的文字分塊：

```
text = "..."# 你的文字
from langchain.text_splitter import CharacterTextSplitter
# 將文字拆分為固定大小為 512 個 token 的字元塊，重疊部分為 32 個 token
text_splitter = CharacterTextSplitter(
    chunk_size = 512,
    chunk_overlap = 32
)
docs = text_splitter.split_text(text)
```

2. 基於意圖的分塊方式

在 LangChain 中，為了最佳化嵌入模型的處理，通常推薦在句子等級對文字進行分割。儘管存在多種句子分割方法，但每種方法都有其特點和局限性。最簡單的方法是利用句點和分行符號進行分割。這種方法速度快，適用於格式規整的文字，但它可能無法有效處理所有的邊界情況。舉例來說，它可能無法正確分割帶有縮寫、引號或特殊標點符號的句子。

使用自然語言處理工具套件，如 NLTK 或 spaCy，可以進行更精確的句子分割。這些工具套件能夠辨識複雜的文字結構，在面對縮寫、直接引語和複合句時也能保持準確性。

在實際應用中，開發者應根據文字的複雜性和所需的精確度選擇合適的句子分割方法。對於需要高精度分割的場景，使用專業的 NLP 工具套件通常是更好的選擇。

句子分塊

```
text = "..."# 你的文字
from langchain.text_splitter import CharacterTextSplitter
# 使用分行符號來切分
text_splitter = CharacterTextSplitter(separator = "\n")
docs = text_splitter.split_text(text)
```

NLTK

NLTK 是一個流行的用於處理自然語言資料的 Python 函式庫。它提供了一個分割器，可以將文字分割為句子，建立更有意義的分塊。

```
text = "..."# 你的文字
from langchain.text_splitter import NLTKTextSplitter
# NLTK 的分割器在背景將文字分割成句子
text_splitter = NLTKTextSplitter()
docs = text_splitter.split_text(text)
```

spaCy

spaCy 是一個功能強大的用於自然語言處理任務的 Python 函式庫。它提供了一種先進的句子分割功能，可以高效率地將文字分割成獨立的句子，生成的部分更進一步地保留了上下文。要在 LangChain 中使用 spaCy，可以執行以下操作：

```
text = "..."# 你的文字
from langchain.text_splitter import SpacyTextSplitter
#SpacyTextSplitter 使用 spaCy 模型將文字分割成句子，利用 spaCy 內建的句子分割功能
text_splitter = SpaCyTextSplitter()
docs = text_splitter.split_text(text)
```

3. 遞迴分塊

在 LangChain 中，遞迴分塊是一種高級文字處理技術，它透過一系列分隔符號，以分層和迭代的方式將長文字分割成更小、更易管理的區塊。這種方法的核心在於，如果初始切分未能達到預期的區塊大小或結構，系統會遞迴地應用不同的分隔符號或判定標準來進一步切分文字。雖然這樣分割出的區塊大小可能不完全相同，但系統會努力保持它們之間的相似性。舉例來說，對於一篇長文章，我們首先嘗試按段落進行分割。如果某個段落長度超出了設定的最大區塊大小限制，遞迴分塊過程會在該段落內部尋找次級分隔符號，如句子或短語邊界，來進一步細化切分。遞迴分塊技術特別適合處理結構複雜或長度不一的文字，如學術論文和長篇報告，它能夠確保文字的語義連貫性，同時提高處理效率。程式範例如下：

```
text = "..."# 你的文字
from langchain.text_splitter import RecursiveCharacterTextSplitter
# RecursiveCharacterTextSplitter 嘗試按照一系列分隔符號的順序遞迴地拆分文字，直到塊足夠小
text_splitter = RecursiveCharacterTextSplitter(
    chunk_size = 256,
    chunk_overlap = 20
)
# 這將傳回一系列大小接近（但不完全相同）的文字區塊
docs = text_splitter.create_documents([text])
```

4. 特殊文件分塊

對於特定格式的文字（如 Markdown 和 LaTeX），LangChain 提供了專門的分塊方法，以保留內容的原始結構和格式。這些分塊方法針對文字的結構化特徵進行最佳化，從而更有效地管理和處理資料。

- **Markdown 分塊**：Markdown 分塊技術利用 Markdown 的輕量級標記語言特性，透過辨識特定的語法元素（如標題、串列和程式區塊）來實現智慧文字分割。這種方法不僅保留了原始 Markdown 文件的結構，還增強了文字區塊之間的語義連貫性。舉例來說，一個長篇的 Markdown 文件可以根據其標題層次分割成多個部分，每個部分對應一個主要章節或子章節。這樣的分塊策略有助在後續的文字處理和分析中保持內容的完整性和邏輯性。

```
from langchain.text_splitter import MarkdownTextSplitter
# 假設 markdown_text 是要處理的 Markdown 格式文字
markdown_text = "..."
# MarkdownTextSplitter 會將指定標題等級之間的內容分割成塊
markdown_splitter = MarkdownTextSplitter(chunk_size=100,chunk_overlap=0)
# 這將傳回按標題和子標題分割的文字區塊串列：
docs = markdown_splitter.create_documents([markdown_text])
```

- **LaTex 分塊**：LaTeX 是一種常用於學術論文和技術文件的文件準備系統和標記語言。該分塊方法可以辨識和利用 LaTeX 的文件結構，如章節、子章節和公式，按自然段落或章節邊界拆分 LaTeX 文件，方便後續的內容分析和處理。

```
from langchain.text_splitter import LatexTextSplitter
latex_text = "..."
#LatexTextSplitter 在拆分時保留了 LaTeX 文件的語義結構
latex_splitter = LatexTextSplitter()
docs = latex_splitter.create_documents([latex_text])
```

5. 影響分塊策略的因素

註：這部分內容參考了 **Pinecone**（一家向量資料庫服務廠商）的部落格文章「**Chunking Strategies for LLM Applications**」。

在 LangChain 中，選擇合適的文字分塊策略對於最佳化處理流程至關重要。以下是幾個關鍵因素，它們決定了分塊策略的選擇。

- **文字類型和長度**：文字的類型（如文章、書、微博或即時訊息）和長度會影響分塊策略。長篇文件可能需要更複雜的分塊，而短篇內容可能只需要簡單的分塊。

- **嵌入模型**：根據資料型態選擇合適的嵌入模型。舉例來說，sentence-transformers 在處理單一句子時表現良好，而 text-embedding-ada-002 等模型更適合處理較大的分塊。

- **查詢文字的長度和複雜度**：分塊的大小應與查詢文字的長度相匹配，以增強查詢內容與分塊之間的相關性，這對於提高檢索效率非常重要。

- **應用場景**：不同的應用場景（如檢索、問答或摘要）會影響分塊策略的選擇。舉例來說，如果結果需要輸入有上下文視窗限制的語言模型中，分塊大小就需要做相應調整。

綜合考慮這些因素，可以確保文字分塊策略既高效又適合特定的應用需求。

6. 評估分塊的性能

分塊策略的選擇對保持上下文相關性和提高結果準確性至關重要。透過實驗來評估不同塊大小的性能是一種常見的做法。

- **塊大小的選擇**：較小的區塊（如 128 或 256 個 token）有助捕捉文字中的細粒度語義資訊，而較大的區塊（如 512 或 1024 個 token）則能夠保留更多的上下文資訊，這對於理解長距離的依賴關係尤為重要。

- **性能評估**：為了評估不同塊大小的效果，可以在真實資料集上建立多個索引，每個索引對應一種塊大小，然後透過執行一系列查詢來比較不同塊大小的性能。這種方法可以幫助開發者理解在特定應用場景下，哪種塊大小能夠提供最佳的檢索效果。

- **迭代過程**：確定最佳塊大小是一個迭代過程，可能需要多次調整和測試。透過比較不同塊大小的檢索結果，可以找到最能準確反映使用者查詢意圖的配置。
- **考慮因素**：在選擇分塊策略時，還需要考慮其他因素，如模型的運算資源、檢索效率，以及應用的具體需求。舉例來說，對於需要快速回應的應用，可能需要選擇較小的區塊以減少計算時間；而對於需要深入理解複雜上下文的應用，則可能需要較大的區塊。

透過這樣的實驗和迭代，開發者可以找到最適合其應用場景的分塊策略，以確保檢索結果的準確性和效率。

5.2.3 文字嵌入

1. 什麼是嵌入

向量是一種具有方向和長度的量，它可以透過數學中的座標系來表示。舉例來說，在二維座標系中，向量可以表示平面上的點；在三維座標系中，向量則表示空間中的點。在機器學習領域，向量常用於表示資料的特徵，使得資料的模式和趨勢可以被量化和分析。

嵌入技術是一種將高維的離散資料（例如文字）映射到低維連續向量空間的方法。這種映射保留了資料之間的語義關係，使得機器學習模型能夠更容易地理解和處理這些資料。透過嵌入，我們可以將複雜的文字資訊轉為電腦可以處理的數值形式，從而在各種機器學習和深度學習任務中實現有效的特徵表示。

例如：

「機器學習」表示為 [1,2,3]

「深度學習」表示為 [2,3,3]

「英雄聯盟」表示為 [9,1,3]

使用餘弦相似度（一種用於衡量向量之間相似度的指標，可表示詞嵌入之間的相似度）來判斷文字之間的距離。

「機器學習」與「深度學習」的距離為：

$$\cos\Theta_1 = \frac{1\times 2 + 2\times 3 + 3\times 3}{\sqrt{1^2+2^2+3^2}\sqrt{2^2+3^2+3^2}} \approx 0.97$$

「機器學習」與「英雄聯盟」的距離為：

$$\cos\Theta_2 = \frac{1\times 9 + 2\times 1 + 3\times 3}{\sqrt{1^2+2^2+3^2}\sqrt{9^2+1^2+3^2}} \approx 0.56$$

「機器學習」與「深度學習」兩個文字之間的餘弦相似度更高，表示它們在語義上更相似。

將文字、影像、音訊和影片等多模態資料轉化為電腦可以理解的格式，即向量矩陣，是實現高效檢索的關鍵步驟。在這個過程中，文字嵌入模型的品質對於檢索結果的相關度有著直接的影響。一般可以選擇的嵌入模型有下面這些。

- **BGE**：中文嵌入模型，在 Hugging Face 的 MTEB（巨量文字 embedding 基準）上排名前 2。
- **通義千問的嵌入模型**：1500+ 維的模型，由阿里巴巴訓練。
- **text-embedding-ada-002**：OpenAI 公司訓練的嵌入模型，1536 維，效果非常出色。
- **自訓練嵌入模型**：根據自己領域的專業資料訓練一個嵌入模型，可以有效提升性能。

嵌入內容時，物件是短句（如句子）還是長句（如段落或完整文件）會產生不同的效果。當對句子進行嵌入時，生成的向量會集中於句子的具體含義，這也表示嵌入可能會遺失段落或文件中更廣泛的上下文資訊；當對段落或完整的文件進行嵌入時，嵌入過程會考慮整體上下文以及段落中句子和短語之間的關係，這樣做可以生成更全面的向量表示，從而捕捉文字的更廣泛含義，而處理較大的輸入文字可能引入雜訊，淡化個別句子或短語的重要性，這樣在查詢索引時更難找到精確匹配。

查詢長度也會影響嵌入之間的關係。較短的查詢（例如單一句子或短語）將集中於特定細節，可能更適合與句子等級的嵌入匹配；跨越多個句子或段落的較長查詢可能更適合與段落或文件等級的嵌入匹配，因為它可能在尋找更廣泛的上下文或主題。

假設有一篇關於蘋果公司的長文章，其中包括了它的歷史、產品和文化等多個方面的資訊，以下是這篇文章的一部分：

> 蘋果公司成立於 1976 年，由史蒂夫·賈伯斯、史蒂夫·沃茲尼亞克和羅奈爾得·韋恩共同創立。最初，公司主要專注於個人電腦的開發和銷售。1984 年，蘋果推出了革命性的 Macintosh 電腦，標誌著個人電腦時代的開始。
>
> 隨著時間的演進，蘋果逐漸擴充其產品線，推出包括 iPod、iPhone 和 iPad 等一系列廣受歡迎的消費電子產品。iPhone 的推出尤其具有劃時代的意義，它不僅改變了手機行業，也推動了整個行動網際網路的發展。
>
> 蘋果公司的文化強調創新和完美，這種文化深深地影響了其產品的設計和開發。賈伯斯對產品細節的執著和對設計美學的追求，成為了蘋果產品的一大特點。

簡短查詢

「蘋果公司是什麼時候成立的？」

這是一個非常具體的問題，可以直接從文章的「蘋果公司成立於 1976 年」這句話中找到答案。如果將整篇文章轉化為向量進行搜尋，這種短小而具體的查詢可能會在長文字中顯得不夠突出，因為長文字中包含了大量其他資訊；但如果對文章進行分句，然後將每個句子單獨轉化為向量進行搜尋，這個簡短的查詢就能更準確地匹配到「蘋果公司成立於 1976 年」這個句子。

長查詢

「講講蘋果公司的文化和它是怎樣影響產品設計的。」

這個查詢需要用到文章中關於「蘋果公司文化」和「產品設計影響」的部分。這部分內容跨越了幾個句子，並需要理解整個段落的上下文來提供完整的答案。如果對整篇文章進行向量嵌入，這個長查詢能更進一步地匹配到相關內容，因為長查詢能夠捕捉到文章中廣泛的上下文。

搞清楚了嵌入的原理和技巧，接下來我們看看 LangChain 中是如何實現的。

2. 嵌入類別

LangChain 中的 `Embeddings` 是一個與文字嵌入模型進行互動的類別，這個類別旨在為許多嵌入模型提供一個標準介面，如 OpenAI 的嵌入模型 text-embedding-ada-002、Hugging Face 上的中文嵌入模型 BGE 等。

在路徑 `langchain/embeddings/init.py` 下可以查看 LangChain 中支援的嵌入模型介面：

```
"OpenAIEmbeddings",      # OpenAI 嵌入模型介面
"HuggingFaceEmbeddings",# Hugging Face 嵌入模型介面
"CohereEmbeddings",# Cohere 嵌入模型介面
```

```
"JinaEmbeddings",# 從 Jina 載入嵌入模型
"LlamaCppEmbeddings",#LLaMa 嵌入模型介面
"HuggingFaceHubEmbeddings",# 從 Hugging Face 社區載入嵌入模型
"ModelScopeEmbeddings",# 從魔搭社區載入嵌入模型
"TensorflowHubEmbeddings",# 從 TensorFlow Hub 載入嵌入模型
"SagemakerEndpointEmbeddings",# 透過亞馬遜 Sagemaker 服務 API 載入嵌入模型
"SelfHostedEmbeddings",# 載入自託管的嵌入模型
...
```

每個嵌入模型類別都實現了 embed_documents 方法用於文字嵌入，embed_query 方法用於查詢嵌入內容。下面的例子顯示了每個句子被嵌入為 1536 維的向量（長度為 1536 的浮點數陣列）的過程：

```
def test_embedding():
    from langchain.embeddings import OpenAIEmbeddings
    # 實例化 OpenAI 嵌入模型介面
    embeddings_model = OpenAIEmbeddings()
    # 文字嵌入
    embeddings = embeddings_model.embed_documents(
    [
        " 星際穿越：這是一部探討宇宙奧秘，描述太空人穿越蟲洞尋找人類新家園的科幻電影 ",
        " 阿甘正傳：這部勵志電影描述了一位智力有限但心靈純淨的男子，他意外地參與了多個歷史重
        大事件 ",
        " 鐵達尼號：說明了 1912 年鐵達尼號沉船事故中，兩位來自不同階層的年輕人愛情故事的浪漫
        電影 "
    ]
    )
    # 查詢內容嵌入
    embedded_query = embeddings_model.embed_query(" 我想看一部關於宇宙探險的電影 ")
    print(len(embeddings),len(embeddings[0]),len(embedded_query))
```

3. 嵌入快取

在處理嵌入向量時，複雜的數學計算過程需要大量的運算資源。為了提高處理效率並減少回應時間，一種常見的做法是使用快取策略。這表示可以將最近計算的或最頻繁檢索的嵌入向量儲存在記憶體中，以便能夠快速存取。

- **優點**：此方法顯著提高了重複查詢嵌入向量的回應速度。
- **缺點**：由於記憶體資源有限，不能快取所有的嵌入向量，因此需要一個高效的快取管理策略來確定哪些嵌入向量值得保留在快取中。

在以下範例中，首次執行 test_cache 函式耗時約 2.122 秒：

```
# 一個記錄函式執行時間的裝飾器
def timing_decorator(func):
    def wrapper(*args,**kwargs):
        start_time = time.time()
        result = func(*args,**kwargs)
        end_time = time.time()
        elapsed_time = end_time-start_time
        print(f"{func.name} 耗時 {elapsed_time} 秒 ")
        return result
    return wrapper

@timing_decorator
def test_cache():
    from langchain.storage import LocalFileStore
    from langchain.embeddings import OpenAIEmbeddings,CacheBackedEmbeddings
    underlying_embeddings = OpenAIEmbeddings()
    fs = LocalFileStore("./cache/")
    # 對已嵌入內容進行快取
    cached_embedder = CacheBackedEmbeddings.from_bytes_store(
        underlying_embeddings,fs,namespace=underlying_embeddings.model
    )
    embeddings = cached_embedder.embed_documents(
    [
        " 星際穿越：這是一部探討宇宙奧秘，描述太空人穿越蟲洞尋找人類新家園的科幻電影 ",
        " 阿甘正傳：這部勵志電影描述了一位智力有限但心靈純淨的男子，他意外地參與了多個歷史重大
        事件 "
    ]
    )
```

第二次執行 test_cache 耗時約 0.008 秒：

```
print(list(fs.yield_keys()))
```

```
# 輸出為
['text-embedding-ada-0021fea6f02-9e7a-5d39-9f35-73f60ba3646d',
'text-embedding-ada-0026a588665-96b2-55ad-986a-039a9598f0c0']
```

在 LangChain 中，嵌入向量的快取是透過 CacheBackedEmbeddings 實現的。這個功能特別有用，因為它避免了重複的向量編碼計算，從而顯著提升了處理速度。舉例來說，文字的向量編碼已經被快取到路徑 cache/text-embedding-ada-0021fea6f02-9e7a-5d39-9f35-73f60ba3646d 下，系統就不需要進行第二次計算，從而大大加快了傳回速度。

初始化 CacheBackedEmbeddings 的關鍵方法是 from_bytes_store，它接收以下參數。

- underlying_embedder：執行嵌入處理的嵌入器（embedder）。
- document_embedding_cache：用於儲存文字嵌入向量的快取引擎。
- namespace（可選，預設為空）：為文件快取設定的命名空間，用於避免與其他快取發生衝突。舉例來說，可以將其設置為所使用的嵌入模型的名稱。

作為快取引擎，document_embedding_cache 支援多種類型，包括記憶體中的 InMemoryStore、檔案系統的 LocalFileStore 和鍵值資料庫（如 Redis）的 RedisStore，文件內容的雜湊結果將作為快取中的鍵值使用。

5.2.4 向量儲存

在之前的討論中，我們了解了如何使用嵌入模型將文字轉為向量。接下來，我們將深入探討向量儲存這一關鍵概念。雖然傳統的關聯式資料庫（如 PostgreSQL）或文件型態資料庫（如 MongoDB）能夠儲存向量資料，但它們並沒有針對高維向量的高效檢索進行最佳化，這可能導致查詢效率不高。

為了解決這個問題，人們專門設計了向量資料庫。這類資料庫專注於儲存和檢索高維向量資料，並具備以下核心功能。

- **高效的向量檢索**：向量資料庫透過特定的索引結構（如倒排索引、近似最近鄰搜尋等）來加速向量資料的檢索過程。
- **支持高維資料**：它們能夠處理具有大量特徵的向量，這對於機器學習模型生成的高維嵌入尤為重要。
- **最佳化的儲存**：向量資料庫通常採用更緊湊的資料結構來儲存向量，以減少儲存空間佔用並提高讀寫速度。

使用向量資料庫，開發者可以更有效地管理和檢索高維向量資料，這對於建構高效的檢索系統和其他依賴向量相似度計算的應用至關重要。

1. 索引演算法

在向量資料庫中，索引演算法的選擇對於高效檢索和分析嵌入向量至關重要，這些演算法在計算距離時採用不同的方法，以下是一些常用的索引演算法及其特點。

- **平面索引（FLAT）**：將向量簡單地儲存在一個平面結構中，是最基本的向量索引方法。

  - 歐氏距離（Euclidean distance）：

$$d(x,y)=\sqrt{\sum_{i=1}^{n}(x_i-y_i)^2}$$

  - 餘弦相似度（cosine similarity）：

$$\text{sim}(x,y)=\frac{x\cdot y}{\|x\|\|y\|}$$

- **分區索引（IVF）**：將向量分配到不同的分區中，每個分區建立一個倒排索引，最終透過倒排索引實現相似性搜尋。

  - 歐氏距離：

$$d(x,y)=\sqrt{\sum_{i=1}^{n}(x_i-y_i)^2}$$

  - 餘弦相似度：

$$\text{sim}(x,y)=\frac{x\cdot y}{\|x\|\|y\|}$$

- **量化索引（PQ）**：將高維向量劃分成若干子向量，將每個子向量量化為一個編碼，最終將編碼儲存在倒排索引中，利用倒排索引進行相似性搜尋。

  - 歐氏距離：

$$d(x,y)=\sqrt{\sum_{i=1}^{n}(x_i-y_i)^2}$$

- 漢明距離（Hamming distance）：

$$d(x,y)=\sum_{i=1}^{n}(x_i \oplus y_i)$$

其中⊕表示逐位元互斥操作。

- **LSH（locality-sensitive hashing）**：使用雜湊函式將高維向量映射到低維空間，並在低維空間中比較雜湊桶之間的相似度，實現高效的相似性搜尋。
  - 內積（inner product）：

$$\mathrm{sim}(x,y)=x \cdot y$$

  - 歐氏距離：

$$d(x,y)=\sqrt{\sum_{i=1}^{n}(x_i-y_i)^2}$$

2. 常見向量資料庫

- **Pinecone**
  - 一種為高效向量搜尋而設計的託管服務
  - 提供好用的 Python SDK
- **Milvus**
  - 一個開放原始碼的向量資料庫，支援大規模向量檢索
  - 支援多種距離計算方式，如歐氏距離、餘弦相似度等
  - 提供 Python、Java 等多種程式語言的使用者端

- **FAISS**（Facebook AI Similarity Search）
    - 由 Facebook 開發的函式庫，用於高效率地搜尋高維空間中的向量
    - 支持大規模資料集，常用於機器學習中的近似最近鄰搜尋
    - 提供 C++ 和 Python 介面
- **Chroma**：一個新開放原始碼的向量資料庫

3. 資料庫擴充和函式庫

- **`ElasticVectorSearch`**
    - Elasticsearch 是一個流行的搜尋引擎，透過外掛程式的方式支援向量搜尋
    - 可以使用 Elasticsearch 的 `dense_vector` 類型和 `cosineSimilarity` 或 `dotProduct` 函式進行向量相似度計算
- **pgvector**
    - PostgreSQL 是一個開放原始碼的關聯式資料庫，pgvector 透過擴充的方式支援向量搜尋，還可以用於儲存嵌入向量
- **HNSWlib**
    - 一個用於近似最近鄰搜尋的函式庫，提供了 C++ 和 Python 介面
    - 使用 HNSW 演算法

4. 向量資料庫介面

在路徑 `langchain/vectorstores/init.py` 下可以看到 LangChain 支援的所有向量資料庫封裝實現，包含豐富的擴充支持，下面僅展示其中一部分：

```
...
"AzureSearch",
"Cassandra",
"Chroma",
"ElasticVectorSearch",
"ElasticKnnSearch",
"FAISS",
"Milvus",
"Zilliz",
"Chroma",
"OpenSearchVectorSearch",
"Pinecone",
"Redis",
"PGVector",
...
```

接下來使用 Chroma 來演示 LangChain 中對向量資料庫的操作，首先看程式範例：

```
def test_chromadb():
    # 匯入所需的模組和類
    # 載入文字檔，這裡以《西遊記》為例
    raw_documents = TextLoader("./ 西遊記 .txt",encoding="utf-8").load()

    # 建立文字分割器，將文字分割成較小的部分
    #chunk_size 定義每個部分的大小，chunk_overlap 定義部分之間的重疊
    text_splitter = TokenTextSplitter(chunk_size=256,chunk_overlap=32)

    # 將原始文件分割成更小的文件
    documents = text_splitter.split_documents(raw_documents)

    # 使用文件和 OpenAI 的嵌入向量建立 Chroma 向量儲存
    db = Chroma.from_documents(documents,OpenAIEmbeddings())

    # 定義一個查詢，這裡查詢的是孫悟空被壓在五行山下的故事
    query = " 孫悟空是怎麼被壓在五行山下的？ "

    # 在資料庫中進行相似性搜尋，k=1 表示傳回最相關的一個文件
    docs = db.similarity_search(query,k=1)
```

```
# 列印找到的最相關文件的內容
print(docs[0].page_content)
```

在測試檔案西遊記 .txt 中，我將《西遊記》的劇情介紹儲存進去，然後查詢向量資料庫：「孫悟空是怎麼被壓在五行山下的？」其中參數 k 表示獲取語義最相似的前幾個結果，這裡只獲取了一個（k=1）結果：

```
玉帝請來西天的如來佛祖，如來與悟空鬥法，悟空翻不出如來掌心。
如來將五指化作「五行山」，將悟空壓在五行山下。
```

上面這段程式演示了如何使用 LangChain 的一些功能來處理和查詢文字資料。它首先從一個文字檔中載入資料，然後使用文字分割器將其分割成更小的部分，接著使用 OpenAI 的嵌入模型和 Chroma 向量儲存來處理這些文件，並對一個特定的查詢進行相似性搜尋，最後列印出與查詢最相關的文件內容。

5.2.5 檢索器

1. MultiQueryRetriever 元件

MultiQueryRetriever 是 LangChain 中一種高效的元件，專門設計用於處理多重查詢任務。它在複雜的資訊檢索場景中表現出色，尤其是當需要同時應對多個查詢或資訊點時。MultiQuery-Retriever 的主要工作步驟如圖 5-3 所示。

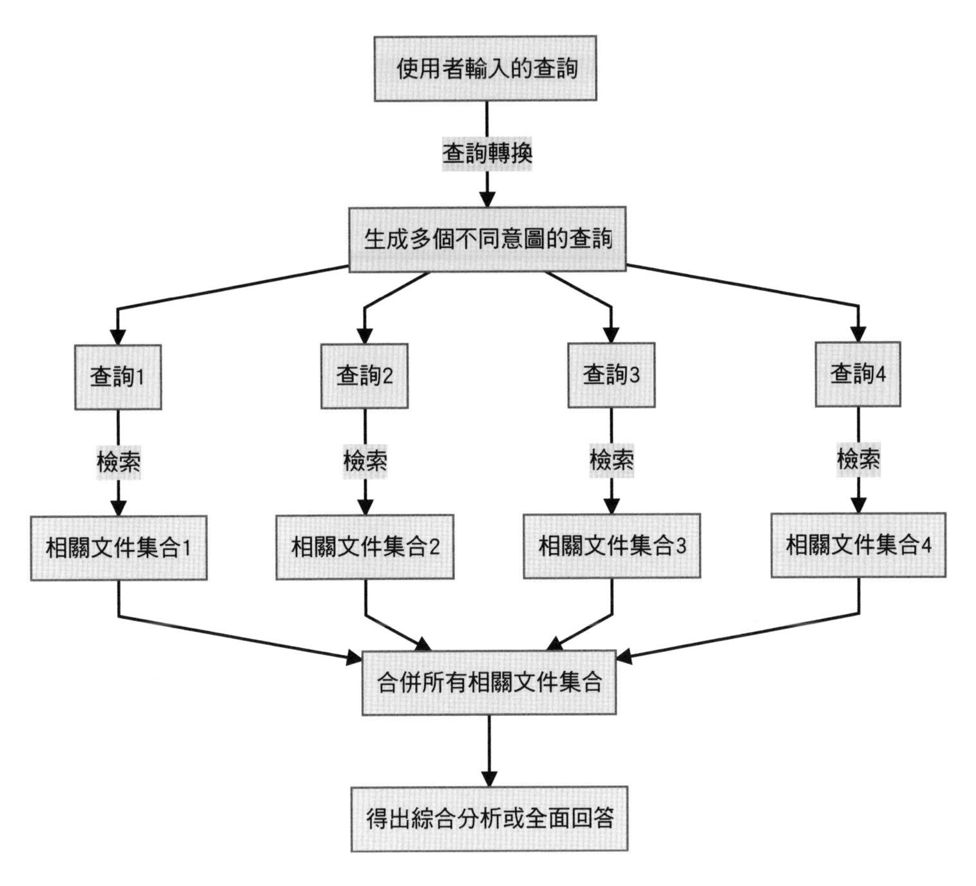

▲ 圖 5-3 MultiQueryRetriever 工作過程

- **處理多重查詢**：它能夠同時處理多個查詢，這些查詢可能是使用者提出的不同問題，或是針對一個複雜問題衍生的多個子查詢。

- **並行檢索資訊**：對於每個獨立的查詢，`MultiQueryRetriever` 會並行地從各個資料來源中檢索資訊。這種並行處理機制大大提高了檢索效率，尤其是在面對大規模資料集或多個資料來源時。

- **聚合與整合結果**：檢索得到的資訊將被整理和整合。這表示不同查詢得到的結果會被集中處理，從而便於進行綜合分析或提供全面的回答。

下面這段程式使用 LangChain 的一些功能來處理和查詢網路上的文字資料。它首先從一個網頁中載入資料，然後使用文字分割器將其分割成更小的部分，接著使用 OpenAI 的嵌入模型和 Chroma 向量儲存來處理這些文件，並結合一個基於語言模型的檢索器來對一個特定的查詢進行相似性搜尋，最後計算並列印出與查詢相關的文件內容。

```
# 從網頁載入內容
loader = WebBaseLoader("https://mp.weixin.qq.com/s/Y0t8qrmU5y6H93N-Z9_efw")
data = loader.load()

# 拆分文字
# 使用遞迴字元文字分割器將文字分割成小塊，每塊最多 512 個字元，不重疊
text_splitter = RecursiveCharacterTextSplitter(chunk_size=512,chunk_overlap=0)
splits = text_splitter.split_documents(data)

# 建立向量資料庫
# 使用 OpenAI 的嵌入向量模型
embedding = OpenAIEmbeddings()
# 使用分割後的文件和嵌入向量建立 Chroma 向量儲存
vectordb = Chroma.from_documents(documents=splits,embedding=embedding)

# 定義一個查詢問題
question = " 程式設計師如何實現自我成長？ "

# 建立一個基於語言模型的檢索器
llm = ChatOpenAI(temperature=0)
# 使用多查詢檢索器，結合向量資料庫和語言模型
retriever_from_llm = MultiQueryRetriever.from_llm(
  retriever=vectordb.as_retriever(),llm=llm
)

# 使用檢索器獲取與查詢相關的文件
unique_docs = retriever_from_llm.get_relevant_documents(query=question)
print(unique_docs)
```

然後在 langchain/retrievers/multi_query.py 檔案中列印轉換後的查詢：

```
def_get_relevant_documents(
    self,
    query:str,
    *,
    run_manager:CallbackManagerForRetrieverRun,
)-> List[Document]:
    """ 根據使用者的搜尋請求，檢索並提供相關的文件資料

    Args:
        question: 使用者搜尋請求

    Returns:
        從所有產生的查詢中，整合出一個不重複的相關文件集合
    """
    queries = self.generate_queries(query,run_manager)
    if self.include_original:
        queries.append(query)
    # 增加這一行，用於列印轉換後的查詢
    print(queries)
    documents = self.retrieve_documents(queries,run_manager)
    return self.unique_union(documents)

['1. 如何提升程式設計師的個人成長能力？ ','2. 程式設計師應該如何自我發展和成長？ ','3. 怎樣才能讓程式設計師實現自我成長的目標？ ']
```

很顯然，「程式設計師如何實現自我成長？」被自動轉換成 3 個不同的查詢意圖，分別是「如何提升程式設計師的個人成長能力？」「程式設計師應該如何自我發展和成長？」「怎樣才能讓程式設計師實現自我成長的目標？」

2. ContextualCompressionRetriever 元件

ContextualCompressionRetriever 是一種特殊的檢索器，其目的是在保持上下文資訊的同時，有效地壓縮和檢索相關資訊；在處理大量文字資料時，

確保只傳回與給定查詢相關的內容，而非原樣傳回檢索到的整個文件。這裡的「壓縮」包括兩個方面：單一文件內容的壓縮和對檢索到的文件批次進行相關性過濾。

- LLMChainFilter 壓縮器：這種方法透過 LLMChain 來判斷哪些檢索到的文件應該被過濾掉，哪些文件應該傳回。這就避免了對每個文件進行額外的 LLM 呼叫，從而節省資源並加快處理速度。

- EmbeddingsFilter 方法：這種方法透過嵌入技術對文件和查詢進行處理，僅傳回與查詢具有高度相似性的文件，相比 LLMChainFilter 更經濟、更高效，尤其適用於大量文件的快速過濾。

以上兩種方法使得使用者在面對大量無關文字時能夠更加高效率地定位到最相關的資訊。範例如下：

```
def pretty_print_docs(docs):
    #格式化列印文件
    print(f"\n{'-'*100}\n".join([f"Document{i+1}:\n\n"+ d.page_content for i,d in
enumerate(docs)]))

def test():
    #從網頁載入內容
    loader = WebBaseLoader("https://mp.weixin.qq.com/s/Y0t8qrmU5y6H93N-Z9_efw")
    data = loader.load()

    #拆分文字
    #使用遞迴字元文字分割器將文字分割成小塊，每塊最多 512 個字元，不重疊
    text_splitter = RecursiveCharacterTextSplitter(chunk_size=512,chunk_overlap=0)
    splits = text_splitter.split_documents(data)

    #建立語言模型實例
    llm = ChatOpenAI(model="gpt-3.5-turbo",temperature=0)

    #建立向量資料庫檢索器
```

```
retriever = Chroma.from_documents(documents=splits,embedding=OpenAIEmbeddings()).
as_retriever()question = "LLMOps 指的是什麼？"

# 未壓縮時的查詢結果
docs = retriever.get_relevant_documents(query=question)
pretty_print_docs(docs)

# 建立鏈式提取器
compressor = LLMChainExtractor.from_llm(llm)
# 建立上下文壓縮檢索器
compression_retriever = ContextualCompressionRetriever(base_compressor=compressor,
                                                       base_retriever=retriever)
# 壓縮後的查詢結果
docs = compression_retriever.get_relevant_documents(query=question)
pretty_print_docs(docs)

# 建立嵌入向量篩檢程式
embeddings_filter = EmbeddingsFilter(embeddings=OpenAIEmbeddings(),
                                     similarity_threshold=0.76)
# 使用篩檢程式建立上下文壓縮檢索器
compression_retriever = ContextualCompressionRetriever(
    base_compressor=embeddings_filter,base_retriever=retriever)
# 過濾後的查詢結果
docs = compression_retriever.get_relevant_documents(query=question)
pretty_print_docs(docs)
```

這段程式首先從一個網頁中載入資料，然後使用文字分割器將其分割成更小的部分，接著建立了一個基於 OpenAI 語言模型的檢索器，並對一個特定的查詢進行了相似性搜尋。此外，這段程式還展示了使用鏈式提取器和嵌入向量篩檢程式對檢索過程進行壓縮和過濾後的查詢結果。每個階段的查詢結果都透過 `pretty_print_docs` 函式格式化列印出來。

3. EnsembleRetriever 元件

在 LangChain 中，EnsembleRetriever 透過混合檢索方法，結合多種檢索器的結果，以增強檢索的準確性和相關性。它的主要特點如下。

- **多檢索器整合**：EnsembleRetriever 整合了不同檢索器的輸出，充分利用它們各自的優勢。
- **倒數排名融合**：該元件使用一種融合演算法對各個檢索器的輸出進行重新排序。這種演算法考慮了每個檢索器對文件相關性的評估，透過綜合這些評估來提升最終檢索結果的精確度。
- **演算法優勢結合**：EnsembleRetriever 結合了稀疏檢索（如基於關鍵字的 BM25 演算法）和密集檢索（如基於嵌入向量相似度的語義搜尋），這種混合搜尋策略能夠實現超越單一演算法的檢索性能。

在下面的範例中，EnsembleRetriever 結合了 BM25 檢索器和 Chroma 檢索器（使用 OpenAI 嵌入向量）來檢索與查詢「蘋果」相關的文件，然後列印出檢索到的文件：

```
# 範例文件串列
doc_list = [
    " 我喜歡蘋果 ",
    " 我喜歡柳丁 ",
    " 蘋果和柳丁都是水果 ",
]
# 初始化 BM25 檢索器
bm25_retriever = BM25Retriever.from_texts(doc_list)
bm25_retriever.k = 2

# 使用 OpenAI 嵌入向量初始化 Chroma 檢索器
embedding = OpenAIEmbeddings()
chroma_vectorstore = Chroma.from_texts(doc_list,embedding)chroma_retriever =
chroma_vectorstore.as_retriever(search_kwargs={"k":2})
```

```
# 初始化 EnsembleRetriever
ensemble_retriever = EnsembleRetriever(
    retrievers=[bm25_retriever,chroma_retriever],weights=[0.5,0.5]
)

# 檢索與查詢 " 蘋果 " 相關的文件
docs = ensemble_retriever.get_relevant_documents(" 蘋果 ")
print(docs)
```

4. WebResearchRetriever 元件

WebResearchRetriever 是 LangChain 中的檢索器，用於處理查詢並從網際網路上檢索相關資訊，其主要功能如下。

- **生成相關的 Google 搜尋查詢**：根據給定查詢生成一系列相關的 Google 搜尋查詢。
- **執行搜尋**：對每個生成的查詢進行 Google 搜尋。
- **載入搜尋結果的 URL**：載入所有搜尋結果的 URL。
- **嵌入和相似性搜尋**：將合併的頁面內容嵌入，並執行與查詢的相似性搜尋。

下面的程式展示了如何使用 WebResearchRetriever 從網際網路上檢索與特定查詢相關的資訊：

```
# 初始化向量儲存
vectorstore = Chroma(
  embedding_function=OpenAIEmbeddings(),persist_directory="./chroma_db_oai"
)

# 初始化語言模型
llm = ChatOpenAI(model="gpt-3.5-turbo",temperature=0)

# 初始化 Google 搜尋 API 包裝器
search = GoogleSearchAPIWrapper()
```

```
# 初始化 WebResearchRetriever
web_research_retriever = WebResearchRetriever.from_llm(
  vectorstore=vectorstore,
  llm=llm,
  search=search,
)

# 使用 WebResearchRetriever 檢索與查詢相關的文件
user_input = "LLM 驅動的自主代理是如何工作的？"
docs = web_research_retriever.get_relevant_documents(user_input)
# 列印檢索到的文件
print(docs)
```

在這個範例中，首先初始化了一個向量儲存和一個語言模型，然後初始化了 Google 搜尋 API 包裝器，接著建立了一個 `WebResearchRetriever` 實例，並使用它來檢索與使用者輸入查詢相關的文件，最後列印出檢索到的文件。

5. 向量儲存檢索器

向量儲存檢索器（vector store retriever）是一種專門設計用於透過向量儲存進行文件檢索的工具。作為一個輕量級的包裝器，它使得向量儲存類別能夠與檢索器介面相容。向量儲存檢索器利用向量儲存實現的搜尋方法，如相似性搜尋和最大邊際相關性（MMR）搜尋，來查詢向量儲存中的文字。

- **預設相似性搜尋**：使用向量儲存的預設搜尋方法，通常基於向量之間的相似度。
- **MMR 搜尋**：使用最大邊際相似性搜尋，這種方法旨在提高結果的多樣性，防止傳回過於相似的文件。
- **相似度分數設定值搜尋**：只傳回相似度分數高於指定設定值的文件。
- **Top *k* 搜尋**：傳回與查詢最相關的前 *k* 個文件。

```
# 載入文件
loader = TextLoader("./test.txt")
documents = loader.load()

# 文字分割
text_splitter = CharacterTextSplitter(chunk_size=512,chunk_overlap=128)
texts = text_splitter.split_documents(documents)

# 初始化嵌入向量
embeddings = OpenAIEmbeddings()

# 使用文件和嵌入向量建立 Chroma 向量儲存
db = Chroma.from_documents(texts,embeddings)

# 將向量儲存轉換為檢索器
# 使用預設的相似性搜尋
retriever = db.as_retriever()
docs = retriever.get_relevant_documents("LLMOps 指的是什麼？ ")
print(" 預設相似性搜尋結果：\n",docs)

# 使用最大邊際相關性（MMR）搜尋
retriever_mmr = db.as_retriever(search_type="mmr")
docs_mmr = retriever_mmr.get_relevant_documents("LLMOps 指的是什麼？ ")
print("MMR 搜尋結果：\n",docs_mmr)

# 設置相似度分數設定值
retriever_similarity_threshold = db.as_retriever(search_type="similarity_score_
threshold",search_kwargs={"score_threshold":0.5})
docs_similarity_threshold = retriever_similarity_threshold.get_relevant_
documents("LLMOps 指的是什麼？ ")
print(" 相似度分數設定值搜尋結果：\n",docs_similarity_threshold)

# 指定 Top k 搜尋
retriever_topk = db.as_retriever(search_kwargs={"k":1})
docs_topk = retriever_topk.get_relevant_documents("LLMOps 指的是什麼？ ")
print("Top k 搜尋結果：\n",docs_topk)
```

6. 第三方元件

在社區開發者的熱心參與下，LangChain 不僅開發了上文提到的內建檢索器元件，還針對許多第三方資料來源提供了一系列豐富的檢索介面整合，比如 Azure 認知服務介面 AzureCognitive-SearchRetriever，為學術論文預印本提供線上存檔和分發的 arXiv 服務，更多支援可前往官網檢索器索引頁面查看。

5.2.6 多文件聯合檢索

上一章的末尾提到文件合併鏈的 4 種模式——StuffDocumentsChain、RefineDocumentsChain、MapReduceDocumentsChain 和 MapRerankDocumentsChain，對一次性針對多個文件進行問答、摘要和總結等場景十分有用，本節詳述。

1. StuffDocumentsChain

將多段搜尋結果文字拼接為一個整體後，一次性輸入大模型中，這適用於處理較短文字的情境。

StuffDocumentsChain（stuff 在這裡意為填充）是文件鏈中最直接的一種。它接收一系列文件，將它們全部插入一個提示詞中，然後將該提示詞傳遞給一個大模型。這種鏈特別適用於處理小型文件並且在大多數呼叫中只傳遞少量文件的場景。

```
# 建立文件提示範本
doc_prompt = PromptTemplate.from_template("{page_content}")

# 建構 StuffDocumentsChain
chain = (
    {
        "content":lambda docs:"\n\n".join(
            format_document(doc,doc_prompt)for doc in docs
        )
    }
```

```
    | PromptTemplate.from_template(" 總結下面的內容 :\n\n{content}")
    | ChatOpenAI()
    | StrOutputParser()
)

# 範例文字
text = """
2022 年 11 月 3 日，OpenAI 正式發佈 ChatGPT，在短短一年時間裡，ChatGPT 不僅成為生成式 AI 領域的熱門話題，更是掀起了新一輪技術浪潮，每當 OpenAI 有新動作，就會佔據國內外各大科技媒體頭條。
從最初的 GPT-3.5 模型，到如今的 GPT-4 Turbo 模型，OpenAI 的每一次更新都不斷拓展我們對於人工智慧可能性的想像，最開始，ChatGPT 只是透過文字聊天與使用者進行互動，而現在，已經能夠借助 GPT-4V 解說足球視訊了。
"""

# 將文字分割成文件
docs = [
    Document(
        page_content=split,
        metadata={"source":"https://mp.weixin.qq.com/s/Y0t8qrmU5y6H93N-Z9_efw"},
    )
    for split in text.split()
]
print(chain.invoke(docs))
```

在這個範例中，首先建立了一個文件提示範本，然後建構了 StuffDocumentsChain，這個鏈將文件內容格式化並插入一個用於總結內容的提示詞中，接著透過 ChatOpenAI 進行處理，並使用 StrOutputParser 解析輸出。

2. RefineDocumentsChain

把長篇文字劃分為若干段落，大模型首先針對第一段文字提供答案，隨後將該答案與第二段文字結合生成新的回應，如此循環，直至為整個文字建構出完整的答案，工作過程如圖 5-4 所示。

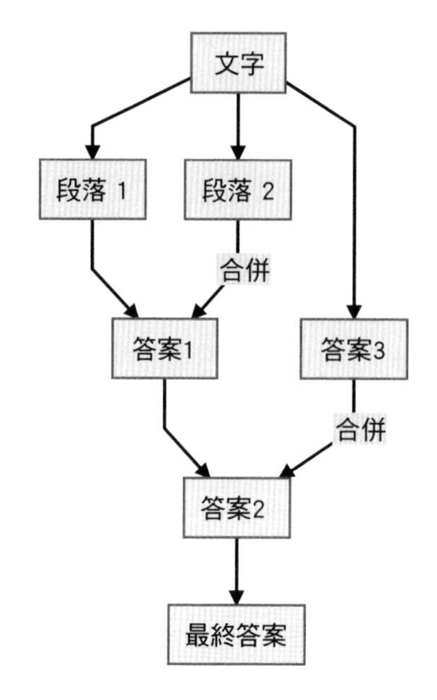

▲ 圖 5-4 RefineDocumentsChain 工作過程

3. MapRerankDocumentsChain

大模型透過問答形式分析每段文字內容，在生成答案的同時，還會對這些答案進行評分並選出得分最高的作為最終答案，工作過程如圖 5-5 所示。

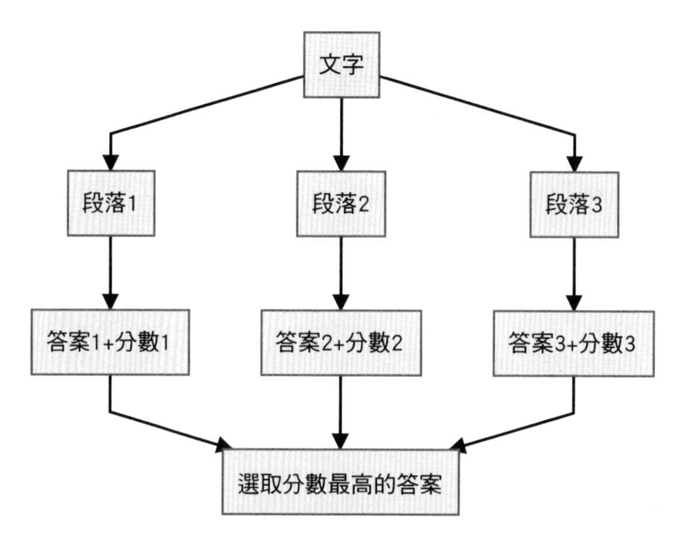

▲ 圖 5-5 MapRerankDocumentsChain 工作過程

4. MapReduceDocumentsChain

針對多個搜尋召回段落的文字，大模型會為每個段落生成答案，最後將這些答案整合，生成基於整篇文章的綜合答案，工作過程如圖 5-6 所示。

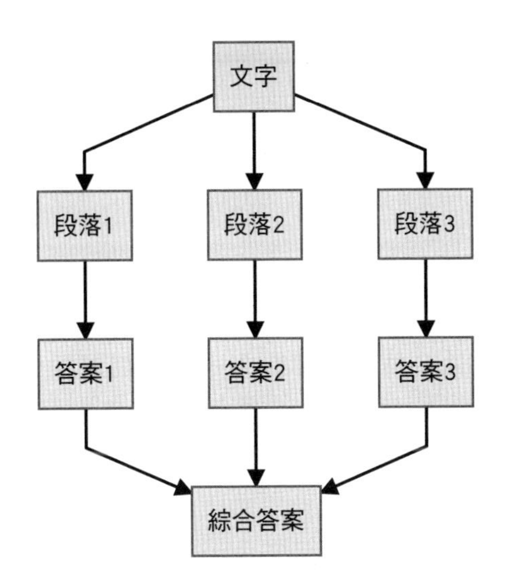

▲ 圖 5-6 MapReduceDocumentsChain 工作過程

5.2.7 RAG 技術的關鍵挑戰

RAG 技術在實際落地過程時存在幾個關鍵挑戰，直接影響技術的有效性和可靠性。

- **知識庫的品質與更新**：RAG 技術的效果高度依賴知識庫的準確性和時效性。如果知識庫資訊不準確或過時，RAG 生成的回答可能會有誤。
- **檢索系統的準確性**：RAG 技術依賴檢索系統來獲取與使用者查詢相關的資訊。如果檢索系統性能不足，將直接影響 RAG 輸出的品質。
- **模型知識與參考知識的優先順序**：在 RAG 實現中，如何平衡模型自身的知識與外部檢索到的參考知識是一個需要仔細考慮的問題。

- **提升有效資訊密度**：為了最大化 RAG 的效果，需要在簡潔的指令中提供豐富、真實的資訊，幫助模型更準確地理解和回應使用者需求。

理解這些挑戰對於最佳化 RAG 技術的實現至關重要，只有正確應對這些問題，才能充分發揮 RAG 的潛力。

5.3 檢索增強生成實踐

基礎知識已經掌握得差不多了，接下來進入實戰環節，透過一個專案來練練手，感受檢索增強生成技術的強大。整體方案流程和前面的講解順序基本一致，分為**載入文件→文件分塊→文字嵌入→根據問題檢索答案**，為了提高檢索結果的準確性，這裡設計的方案重點對分塊策略和檢索策略進行最佳化。

整體方案包括在文件前置處理階段實現滿足上下文視窗的原始文字分塊，在文件檢索階段實現文字的三次檢索，下面逐一說明，測試文章來自《大語言模型的安全問題探究》。

5.3.1 文件前置處理過程

1. 小文字區塊拆分

以 50token 大小（可根據文件自身的組織規律動態調整粒度）對文字做首次分割：

```
# 小文字區塊大小
BASE_CHUNK_SIZE = 50
# 小塊的重疊部分大小
CHUNK_OVERLAP = 0
def split_doc(
    doc:List[Document],chunk_size=BASE_CHUNK_SIZE,chunk_overlap=CHUNK_OVERLAP,
chunk_idx_name:str
):
```

```
    data_splitter = RecursiveCharacterTextSplitter(
        chunk_size=chunk_size,
        chunk_overlap=chunk_overlap,
        # 使用 tiktoken 來確保分割不會在一個 token 的中間發生
        length_function=tiktoken_len,
    )
    doc_split = data_splitter.split_documents(doc)
    chunk_idx = 0
    for d_split in doc_split:
        d_split.metadata[chunk_idx_name]= chunk_idx
        chunk_idx += 1
    return doc_split
```

下面的範例顯示了前 7 個分塊的資訊：

```
[Document(page_content='LLM 安全專題提示 ',metadata={'source':'./data/ 一文帶你了解提示
攻擊 .pdf','page':0,'small_chunk_idx':0}),
Document(page_content=' 是指在訓練或與大型語言模型（Claude、ChatGPT 等）進行互動時，提
供給模 ',metadata={'source':'./data/ 一文帶你了解提示攻擊 .pdf','page':0,'small_chunk_
idx':1}),Document(page_content=' 型的輸入文字。透過給定特定的 ',metadata={'source':'./
data/ 一文帶你了解提示攻擊 .pdf','page':0,'small_chunk_idx':2}),
Document(page_content=' 提示，可以引導模型生成特定主題或類型的文字。在自然語言處理（NLP）任
務中，提 ',metadata={'source':'./data/ 一文帶你了解提示攻擊 .pdf','page':0,'small_chunk_
idx':3}),Document(page_content=' 示充當了問題或輸入的角色，而模型的輸出是對這個問題的回答
或任務完成。關於 ',metadata={'source':'./data/ 一文帶你了解提示攻擊 .pdf','page':0,'small_
chunk_idx':4}),Document(page_content=' 怎樣設計好的 ',metadata={'source':'./data/ 一文帶
你了解提示攻擊 .pdf','page':0,'small_chunk_idx':5}),
Document(page_content='prompt，查看 prompt 專題章節內容就可以了，這裡不過多闡述，個人比較
感興趣的是針對 ',metadata={'source':'./data/ 一文帶你了解提示攻擊 .pdf','page':0,'small_
chunk_idx':6}),
...]
```

2. 增加視窗

設定步進值為 3、視窗大小為 6，將上述步驟的小塊匹配到不同的上下文視窗：

```
# 步進值定義了視窗移動的速度，具體來說，它是上一個視窗中第一個塊和下一個視窗中第一個塊之間的距離
WINDOW_STEPS = 3
# 視窗大小直接影響到每個視窗中的上下文資訊量，視窗大小 = BASE_CHUNK_SIZE*WINDOW_SCALE
WINDOW_SCALE = 6
def add_window(
    doc:Document,window_steps=WINDOW_STEPS,window_size=WINDOW_SCALE,window_idx_name:str
):
    window_id = 0
    window_deque = deque()

    for idx,item in enumerate(doc):
        if idx%window_steps == and idx!= and idx < len(doc)-window_size:
            window_id += 1
        window_deque.append(window_id)

        if len(window_deque)> window_size:
            for_in range(window_steps):
                window_deque.popleft()

        window = set(window_deque)
        item.metadata[f"{window_idx_name}_lower_bound"]= min(window)
        item.metadata[f"{window_idx_name}_upper_bound"]= max(window)
```

下面的範例顯示了增加視窗資訊後前 7 個分塊的內容：

```
[Document(page_content='LLM 安全專題提示 ',metadata={'source':'./data/ 一文帶你了解提示攻
擊 .pdf','page':0,'small_chunk_idx':0,'large_chunks_idx_lower_bound':0,'large_chunks_
idx_upper_bound':0}),
Document(page_content=' 是指在訓練或與大型語言模型（Claude、ChatGPT 等）進行互動時，
提供給模 ',metadata={'source':'./data/ 一文帶你了解提示攻擊 .pdf','page':0,'small_
chunk_idx':1,'large_chunks_idx_lower_bound':0,'large_chunks_idx_upper_
bound':0}),Document(page_content=' 型的輸入文字。透過給定特定的 ',metadata={'source':'./
data/ 一文帶你了解提示攻擊 .pdf','page':0,'small_chunk_idx':2,'large_chunks_idx_lower_
bound':0,'large_
chunks_idx_upper_bound':0}),
Document(page_content=' 提示，可以引導模型生成特定主題或類型的文字。在自然語言處理（NLP）任
務中，提 ',metadata={'source':'./data/ 一文帶你了解提示攻擊 .pdf','page':0,'small_chunk_
idx':3,'large_chunks_idx_lower_bound':0,'large_chunks_idx_upper_bound':1}),
Document(page_content=' 示充當了問題或輸入的角色，而模型的輸出是對這個問題的回答或任務
```

```
完成。關於 ',metadata={'source':'./data/ 一文帶你了解提示攻擊 .pdf','page':0,'small_
chunk_idx':4,'large_chunks_idx_lower_bound':0,'large_chunks_idx_upper_
bound':1}),Document(page_content=' 怎樣設計好的 ',metadata={'source':'./data/ 一文帶你了
解提示攻擊 .pdf','page':0,'small_chunk_idx':5,'large_chunks_idx_lower_bound':0,'large_
chunks_idx_upper_bound':1}),
Document(page_content='prompt，查看 prompt 專題章節內容就可以了，這裡不過多闡述，個人比較
感興趣的是針對 ',metadata={'source':'./data/ 一文帶你了解提示攻擊 .pdf','page':0,'small_
chunk_idx':6,'large_chunks_idx_lower_bound':1,'large_chunks_idx_upper_
bound':2}),Document(page_content='prompt 的攻擊，隨著大語言模型的廣泛應用，安全必定是一
個非常值 ',metadata={'source':'./data/ 一文帶你了解提示攻擊 .pdf','page':0,'small_chunk_
idx':7,'large_chunks_idx_lower_bound':1,'large_chunks_idx_upper_bound':2}),
...]
```

3. 中等文字區塊

以小文字區塊 3 倍的大小（可動態配置），即 150token，對文字做二次分割，形成中等文字區塊：

```
# 中等文字區塊大小 = 基礎塊大小 *CHUNK_SCALE
CHUNK_SCALE = 3

def merge_metadata(dicts_list:dict):
    """
    合併多個中繼資料字典

    參數：
        dicts_list(dict): 要合併的中繼資料字典串列

    傳回：
        dict: 合併後的中繼資料字典

    功能：
        - 遍歷字典串列中的每個字典，並將其鍵值對合併到一個主字典中
        - 如果同一個鍵有多個不同的值，將這些值儲存為串列
        - 對於數數值型別的多值鍵，計算其值的上下界並儲存
        - 刪除已計算上下界的原鍵，只保留邊界值
    """
    merged_dict = {}
    bounds_dict = {}
```

```
    keys_to_remove = set()

    for dic in dicts_list:
        for key,value in dic.items():
            if key in merged_dict:
                if value not in merged_dict[key]:
                    merged_dict[key].append(value)
            else:
                merged_dict[key]= [value]

    # 計算數值型鍵的值的上下界
    for key,values in merged_dict.items():
        if len(values)> 1 and all(isinstance(x,(int,float))for x in values):
            bounds_dict[f"{key}_lower_bound"]= min(values)
            bounds_dict[f"{key}_upper_bound"]= max(values)
            keys_to_remove.add(key)

    merged_dict.update(bounds_dict)

    # 移除已計算上下界的原鍵
    for key in keys to remove:
        del merged_dict[key]

    # 如果鍵的值是單一值的串列，則只保留該值
    return{
        k:v[0]if isinstance(v,list)and len(v)== 1 else v
        for k,v in merged_dict.items()
    }

def merge_chunks(doc:Document,scale_factor=CHUNK_SCALE,chunk_idx_name:str):
    """
    將多個文字區塊合併成更大的文字區塊

    參數：
        doc(Document): 要合併的文字區塊串列
        scale_factor(int): 合併的規模因數，預設為
        CHUNK_SCALE chunk_idx_name(str): 用於儲存區塊索引的中繼資料鍵

    傳回：
```

```
        list: 合併後的文字區塊串列

    功能：
        - 遍歷文字區塊串列，按照 scale_factor 指定的數量合併文件內容和中繼資料
        - 使用 merge_metadata 函式合併中繼資料
        - 每合併完成一個新塊，將其索引增加到中繼資料中並追加到結果串列中
    """
    merged_doc = []
    page_content = ""
    metadata_list = []
    chunk_idx = 0

    for idx,item in enumerate(doc):
        page_content += item.page_content
        metadata_list.append(item.metadata)

        # 按照規模因數合併文字區塊
        if(idx + 1)%scale_factor == or idx == len(doc)-1:
            metadata = merge_metadata(metadata_list)
            metadata[chunk_idx_name]= chunk_idx
            merged_doc.append(
                Document(
                    page_content=page_content,
                    metadata=metadata,
                )
            )
            chunk_idx += 1
            page_content = ""
            metadata_list = []

    return merged_doc
```

下面的範例顯示了前 3 個中等距塊的資訊：

```
[Document(page_content='LLM 安全專題提示是指在訓練或與大型語言模型（Claude，ChatGPT 等）
進入互動時，提供給模型的輸入文字。透過給定特定的 ',metadata={'source':'./data/ 一文帶你了
解提示攻擊 .pdf','page':0,'large_chunks_idx_lower_bound':0,'large_chunks_idx_upper_
bound':0,'small_chunk_idx_lower_bound':0,'small_chunk_idx_upper_bound':2,'medium_
chunk_idx':0}),Document(page_content=' 提示，可以引導模型生成特定主題或類型的文字。在自然語
```

```
言處理（NLP）任務中，提示充當了問題或輸入的角色，而模型的輸出是對這個問題的回答或任務完成。關
於怎樣設計好的 ',metadata={'source':'./data/ 一文帶你了解提示攻擊 .pdf','page':0,'large_
chunks_idx_lower_bound':0,'large_chunks_idx_upper_bound':1,'small_chunk_idx_lower_
bound':3,'small_chunk_idx_upper_bound':5,'medium_chunk_idx':1}),
Document(page_content='prompt，查看 prompt 專題章節內容就可以了，這裡不過多闡述，個人比較感
興趣的是針對 prompt 的攻擊，隨著大語言模型的廣泛應用，安全必定是一個非常值得關注的領域。提示攻
擊 ',metadata={'source':'./data/ 一文帶你了解提示攻擊 .pdf','page':0,'large_chunks_
idx_lower_bound':1,'large_chunks_idx_upper_bound':2,'small_chunk_idx_lower_
bound':6,'small_
chunk_idx_upper_bound':8,'medium_chunk_idx':2}),
...]
```

5.3.2 文件檢索過程

1. 檢索器宣告

首先宣告一個檢索器，用於檢索文件。這裡將 BM25 檢索器和嵌入式檢索器組合成一個整合檢索器，用於檢索和評估文件相似度。下面是一些需要了解的相關知識。

- BM25 是一種基於詞袋模型的檢索方法，它透過考慮單字在文件中的頻率和在整個文件集合中的逆文件頻率來計算文件之間的相似度。
- 嵌入式檢索器通常使用預訓練的嵌入模型（本案例使用 OpenAI 的 text-embedding-ada-002 模型）將文件轉為密集向量，然後透過計算這些向量之間的相似度來評估文件之間的相似性。
- `emb_filter` 用於在嵌入式檢索過程中過濾結果。舉例來說，可以根據某些標準排除不相關的文件。
- *k* 是一個整數，表示要傳回的最匹配的前幾個結果。
- `weights` 包含兩個權重值，分別用於 BM25 檢索器和嵌入式檢索器在整合檢索中的權重。

```
def get_retriever(
    self,
    docs_chunks,
    emb_chunks,
    emb_filter=None,
    k=2,
    weights=(0.5,0.5),
):
    bm25_retriever = BM25Retriever.from_documents(docs_chunks)
    bm25_retriever.k = k

    emb_retriever = emb_chunks.as_retriever(
        search_kwargs={
            "filter":emb_filter,
            "k":k,
            "search_type":"mmr",
        }
    )
    return MyEnsembleRetriever(
        retrievers={"bm25":bm25_retriever,"chroma":emb_retriever},
        weights=weights,
    )
```

2. 檢索相關文件

文件檢索透過多階段（三輪）的方式進行。

- **第一階段：小分塊檢索**

使用小文字區塊（docs_index_small）和小嵌入塊（embedding_chunks_small）初始化一個檢索器（first_retriever），使用這個檢索器檢索與查詢相關的文件，並將結果儲存在first變數中，對檢索到的文件ID進行清理和過濾，確保它們是相關的，並儲存在 ids_clean 變數中。

- **第二階段：移動視窗檢索**

針對每個唯一的來源文件，使用小文字區塊檢索與之相關的所有文字區塊。使用包含這些文字區塊的新檢索器（second_retriever）再次進行檢索，以進一步縮小相關文件的範圍，將檢索到的文件增加到 docs 串列中。

- **第三階段：中等距塊檢索**

依據過濾條件從中等文字區塊（docs_index_medium）檢索相關文件，使用包含這些文字區塊的新檢索器（third_retriever）進行檢索。從檢索到的文件中選擇前 third_num_k 個儲存在 third 變數中，清理文件的中繼資料，刪除不需要的內容，將最終檢索到的文件按檔案名稱分類，並儲存在 qa_chunks 字典中。

```
def get_relevant_documents(
    self,
    query:str,
    num_query:int,
    *,
    run_manager:Optional[CallbackManagerForChainRun]= None,
)-> List[Document]:
    # 第一輪檢索：使用小文字區塊和對應的嵌入進行檢索
    # 這裡使用的是小塊索引和小塊嵌入
    first_retriever = self.get_retriever(
        docs_chunks=self.docs_index_small.documents,
        emb_chunks=self.embedding_chunks_small,
        emb_filter=None,
        k=self.first_retrieval_k,
        weights=self.retriever_weights,
    )
    first = first_retriever.get_relevant_documents(
        query,callbacks=run_manager.get_child()
    )

    # 清洗檢索到的文件 ID，確保它們是有效的
    ids_clean = self.get_relevant_doc_ids(first,query)
```

```
qa_chunks = {}
if ids_clean and isinstance(ids_clean,list):
    source_md5_dict = {}
    # 遍歷清洗後的文件 ID，並建立 MD5 到文件的映射關係
    for ids_c in ids_clean:
        if ids_c < len(first):
            if ids_c not in source_md5_dict:
                source_md5_dict[first[ids_c].metadata["source_md5"]]= [
                    first[ids_c]
                ]

    # 如果沒有合適的 MD5 映射，則預設使用第一個文件
    if len(source_md5_dict)== 0:source_md5_dict[first[0].metadata["
        source_md5"]]= [first[0]]

    num_docs = len(source_md5_dict.keys())
    third_num_k = max(
        1,
        (
            int(
                (
                    MAX_LLM_CONTEXT
                    /(BASE_CHUNK_SIZE*CHUNK_SCALE)
                )
                //(num_docs*num_query)
            ),
        ),
    )

    for source_md5,docs in source_md5_dict.items():
        # 根據來源 MD5 獲取第二輪的文字區塊
        second_docs_chunks = self.docs_index_small.retrieve_metadata(
            {
                "source_md5":(IndexerOperator.EQ,source_md5),
            }
        )
        # 第二輪檢索
        second_retriever = self.get_retriever(
            docs_chunks=second_docs_chunks,
```

```
        emb_chunks=self.embedding_chunks_small,
        emb_filter={"source_md5":source_md5},
        k=self.second_retrieval_k,
        weights=self.retriever_weights,
    )
    second = second_retriever.get_relevant_documents(
        query,callbacks=run_manager.get_child()
    )
    docs.extend(second)

    # 獲取用於第三輪檢索的篩檢程式
    docindexer_filter,chroma_filter = self.get_filter(
        self.num_windows,source_md5,docs
    )

    # 獲取第三輪的文字區塊
    third_docs_chunks = self.docs_index_medium.retrieve_metadata(
        docindexer_filter
    )

    # 第三輪檢索
    third_retriever = self.get_retriever(
        docs_chunks=third_docs_chunks,
        emb_chunks=self.embedding_chunks_medium,
        emb_filter=chroma_filter,
        k=third_num_k,
        weights=self.retriever_weights,
    )
    third_temp = third_retriever.get_relevant_documents(
        query,callbacks=run_manager.get_child()
    )
    third = third_temp[:third_num_k]

    # 清除第三輪檢索結果的文件內容
    for doc in third:
        mtdata = doc.metadata
        mtdata["page_content"]= None

    # 根據檔案名稱將第三輪的結果歸類
```

```
            file_name = third[0].metadata["source"].split("/")[-1]
            if file_name not in
                qa_chunks:qa_chunks[file_name]= third
            else:
                qa_chunks[file_name].extend(third)

    return qa_chunks
```

整個過程是一個分層的檢索過程，首先在小文字區塊中進行粗略檢索，然後在特定的來源文件中進行更精確的檢索，在中等文字區塊中進行最終的檢索。這種分層的方法有助提高檢索的效率和準確性，因為它允許系統在更小的文件集上進行更精確的檢索，從而減少了在大文件集上進行複雜檢索所需的計算量。

5.3.3 方案優勢

以下這些優勢共同組成了該方案在文件處理方面的強大能力，使其能夠靈活應對各種複雜的資料檢索需求。

- **對大規模文件的高效支援**：在處理包含大量文件的知識庫時，直接檢索可能非常耗時。將文件切分為小塊（chunk_small）更易於索引和檢索，從而提高效率。
- **上下文資訊保留**：小塊中增加的視窗資訊（add_window）確保在檢索過程中不會遺失關鍵上下文。這對於跨多個小塊分佈的資訊至關重要，可防止單一小塊檢索時資訊遺漏。
- **檢索效率提升**：將相鄰小塊合併為中等大小的區塊（chunk_medium），既保留了細粒度特性，又增添了更廣泛的上下文。這種平衡提高了檢索的效率和準確性，避免了大區塊導致的低效率和小塊造成的資訊不足。
- **靈活性與可配置性**：允許根據應用需求靈活配置參數，如塊的大小、視窗大小和步進值等，以實現性能與效果的最佳平衡。

- **多樣化的檢索策略支援**：多種大小的文字區塊和包含視窗資訊的區塊使得可以根據查詢需求選擇合適的區塊進行檢索，比如需要廣泛上下文的查詢可以使用中大型塊，而需要快速回應的查詢則可以使用小塊。

這部分程式也包含在隨書原始程式中，請大家務必在本地測試一遍，以理解這個過程。

我們已經討論完了有關 LangChain 中檢索增強生成技術的知識，接下來，目光將轉向智慧代理的主題，這是大模型當前探索的前端應用領域。

第 6 章 智慧代理設計

在當前的 AI 領域，智慧代理的應用無疑是最受關注的熱點之一。本章將從智慧代理的基本概念入手，深入探討其核心元件，並結合大模型技術，引導大家實現一個個性化的智慧代理。

6.1 智慧代理的概念

智慧代理（又稱智慧體）是人工智慧領域的核心概念，指的是能夠自主感知環境並做出決策的實體。它的發展經歷了幾個重要階段。最早的智慧代理設計簡單，主要依賴預設的規則來處理資訊。20 世紀 50 年代至 70 年代，基於符號主義的方法在模擬基礎邏輯和執行簡單任務方面取得一定成功，這個階段的智慧代理雖然能力有限，但為後來的發展奠定了基礎。到了 20 世紀 80 年代和 90 年代，智慧代理開始利用知識庫和專家系統來處理更複雜的任務，這些實體能夠模仿人類專家的思維過程，處理特定領域的問題，然而，這些智慧代理的水準仍然受限於它們的知識庫，無法有效處理知識庫之外的問題。隨著 20 世紀 90 年代末機器學習的興起，智慧代理開始出現重大突破：從大量資料中學習，展現出更高級的理解和決策能力。到了 21 世紀初，隨著深度學習技術的發展，智慧代理的能力獲得了極大的增強，它們不僅能處理複雜的模式辨識任務（如影像和語音辨識），還在某些領域（如棋類遊戲）展現出超越人類的能力。

大模型以其廣泛的應用性和強大的適應能力，正推動智慧代理在知識工作領域實現全面的變革，腦力任務得以全自動化。這些模型不僅具備自我學習的能力，還掌握了豐富的知識，結合 agent 技術，正在帶領我們進入新時代。

6.2 LangChain 中的代理

LangChain 也非常及時地推出了 Agent 元件，用於支援社區開發者快速建構自己的智慧代理。

6.2.1 LLM 驅動的智慧代理

在深入探索 LangChain 中代理的工作機制之前，有必要了解一下 LLM 驅動的智慧代理的特點。LLM 作為建構智慧代理的核心控制器，主要由三部分組成，如圖 6-1 所示。

- **任務規劃**：智慧代理根據當前的環境狀態和目標，制訂行動計畫。複雜任務不是一次性就能解決的，需要拆分成多個並行或串列的子任務來求解，任務規劃的目標是找到一條能夠解決問題的最佳路線，最常用的技巧是思維鏈和思維樹。思維鏈（CoT）已成為增強複雜任務模型性能的標準提示技術，透過指示模型「一步一步思考」，將困難任務分解為更小、更簡單的步驟。思維樹透過在每一步探索多種推理可能性來擴充 CoT，它首先將問題分解為多個思考步驟，並在每個步驟中生成多個思考，從而建立樹結構。搜尋過程可以是 BFS（廣度優先搜尋）或 DFS（深度優先搜尋），每個狀態由分類器（透過提示詞）或多數投票進行評估。反思改進允許智慧代理透過完善過去的行動決策和糾正以前的錯誤來迭代改進，它在需要試錯的現實任務中發揮著至關重要的作用。

  智慧代理要想正常執行，任務拆解和規劃是最為關鍵的一步，所以這也成為熱門研究方向，下面簡單介紹常見的想法。

  - zero-shot（來自論文「Finetuned Language Models Are Zero-Shot Learners」）：在提示詞中簡單地加入「一步一步思考」，引導模型進行逐步推理。

  - few-shot（來自論文「Language Models are Few-Shot Learners」）：給模型展示解題過程和答案，作為樣例（如果只提供一個樣例，又叫 one-shot），以引導其解答新問題。

- CoT（思維鏈，來自論文「Chain-of-Thought Prompting Elicits Reasoning in Large Language Models」），思維鏈提示即將一個複雜的多步驟推理問題細化為多個中間步驟，然後將中間答案組合起來解決原問題。其有效性已在論文「Towards Revealing the Mystery behind Chain of Thought:A Theoretical Perspective」中得到驗證。

- auto CoT（來自論文「Automatic Chain of Thought Prompting in Large Language Models」）：大模型在解題前自動從資料集中查詢相似問題進行自我學習，但需要專門的資料集支援。

- meta CoT（來自論文「Meta-CoT:Generalizable Chain-of-Thought Prompting in Mixed-task Scenarios with Large Language Models」）：在 auto CoT 的基礎上，先對問題進行場景辨識，進一步最佳化自動學習過程。

- least to most（來自論文「Least-to-Most Prompting Enables Complex Reasoning in Large Language Models」）：該策略的核心是把複雜問題劃分成若干簡易子問題並依次解決，在處理每個子問題時，前一個子問題的解答有助下一步求解。比如在提示詞中加入「針對每個問題，首先判斷是否需要分解子問題。若不需要，則直接回答；否則拆分問題，整合子問題的解答，以得出最佳、最全面及最確切的答案」。啟用大模型的思維模式，細化問題，從而獲得更好的結果。

- self-consistency CoT（來自論文「Self-Consistency Improves Chain of Thought Reasoning in Language Models」）：在多次輸出中選擇投票最高的答案。自洽性利用了一個複雜推理問題通常有多種解決想法，但最終可以得到唯一正確答案的本質，提升了思維鏈在一系列常見的算術和常識推理基準測試中的表現，比如在提示詞中加入「對於每個問題，你將提供 5 種想法，然後將它們結合起來，輸出措辭最佳、最全面和最準確的答案」。

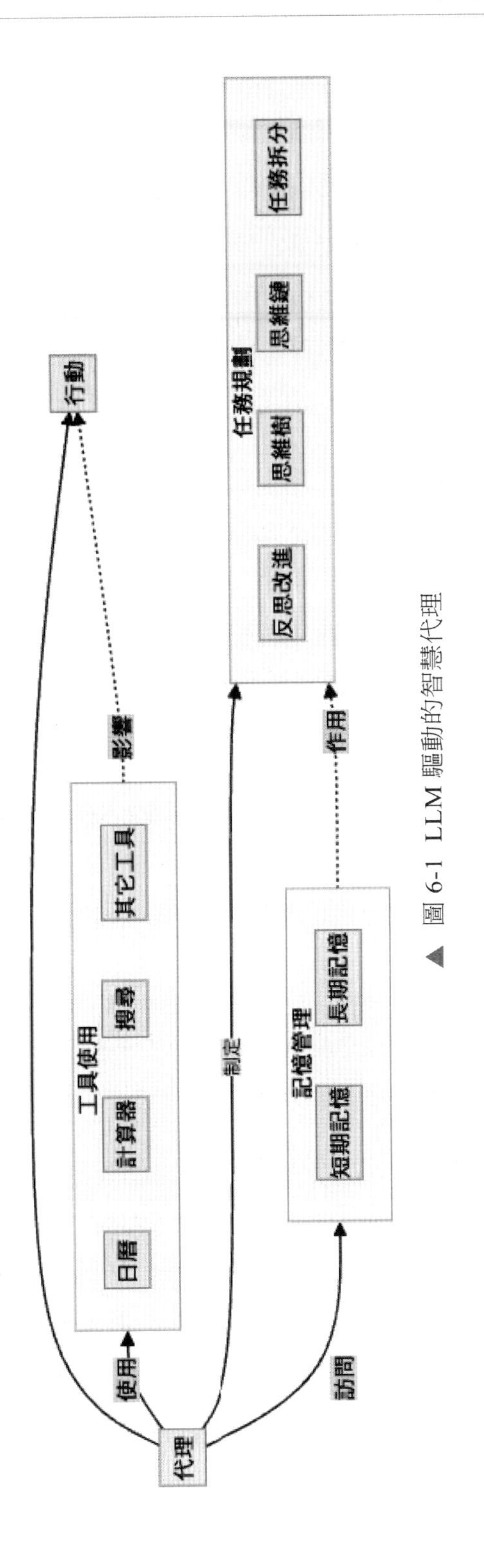

▲ 圖 6-1 LLM 驅動的智慧代理

- ToT（tree of thoughts，思維樹，來自論文「Tree of Thoughts:Deliberate Problem Solving with Large Language Models」）：建構一個樹狀結構來儲存各步推理過程中產生的多個可能結果作為末梢節點。在進行狀態評估以排除無效結果之後，基於這些末梢節點繼續進行推理，從而發展出一棵樹。接著，利用深度優先搜尋或廣度優先搜尋演算法連接這些節點，形成多筆推理鏈。最終，將這些推理鏈提交至一個大模型以評估哪個結果最為合適。

- GoT（graph of thoughts，思維圖譜，來自論文「Graph of Thoughts:Solving Elaborate Problems with Large Language Models」）：思維圖譜將大模型的輸出抽象成一個靈活的圖結構，其中思考單元作為節點，節點間的連線代表依賴關係。這種方式模擬了人類解決問題的思維方式，它能合併多筆推理鏈，自然回溯到有效的推理鏈，並行探索獨立的推理鏈，更貼近人類的思維方式，從而增強了推理能力。

- multi-persona self-collaboration（來自論文「Unleashing Cognitive Synergy in Large Language Models:A Task-Solving Agent through Multi-Persona Self-Collaboration」）：模擬多個角色協作解決問題。

在這些技巧中，zero-shot、few-shot、least-to-most 和 self-consistency CoT 在提示層面易於應用且效果顯著。對於想深入理解的讀者，可以在 arXiv 網站上搜尋相關關鍵字閱讀原論文。

- **記憶管理**：包括短期記憶管理和長期記憶管理，為智慧代理提供知識和經驗。其中短期記憶是指大模型能夠意識到以及執行學習和推理等複雜認知任務所需的資訊，受上下文視窗長度的限制；長期記憶是能夠在長時間內保留和回憶的資訊，以外部向量的形式儲存，可透過快速檢索進行存取。

- **工具使用**：智慧代理透過配備外部工具顯著擴充其能力，比如呼叫外部 API 以獲取額外資訊，包括搜尋引擎、計算機、日曆查詢、智慧家居控制、排程管理等，LLM 首先存取 API 搜尋引擎找到合適的 API 呼叫，然後使用相應的文件進行呼叫。

6.2.2 LangChain 中的代理

有了之前對智慧代理背景的了解，我們可以更容易地理解 LangChain 中代理的概念。代理是 LangChain 的核心元件，它依賴大模型來動態確定一系列操作的順序和類型。與鏈不同，代理不是將操作強制寫入在程式中，而是使用語言模型作為推理引擎，動態決定下一步的操作。代理的輸入如下所述。

- **工具描述**：描述可用工具的詳細資訊，確保代理能夠正確地呼叫這些工具，並以最有利於代理的方式操作。工具套件是一組相關工具的集合，旨在完成特定任務，舉例來說，一個 GitHub 工具套件可能包括搜尋程式、閱讀取檔案和評論等功能。

- **使用者輸入**：使用者的目標或需求，代理根據這些輸入來執行任務。

- **中間步驟**：記錄上一步操作的結果，這些結果可以作為下一步操作的輸入，或直接作為對使用者的回應。

1. 代理執行器

代理執行器（AgentExecutor）可以視為對代理執行時期的封裝，它負責呼叫代理、執行其選擇的操作，並將結果回饋給代理，執行器會處理一些複雜的問題，如工具錯誤處理、日誌記錄等。下面的程式展示了代理執行器執行的核心機制：

```
next_action = agent.get_action(...)
while next_action!= AgentFinish:
    observation = run(next_action)
    next_action = agent.get_action(...,next_action,observation)
return next_action
```

2. 建構代理

要建構一個代理，需要定義代理本身、自訂工具，並在自訂迴圈中執行代理和工具。

這裡有必要提前了解幾個關鍵概念。

- AgentAction：這是一個資料類別，儲存代理決定執行的操作，主要包含兩部分資訊，tool 表示代理將要呼叫的工具名稱，tool_input 表示傳遞給這個工具的具體輸入。
- AgentFinish：當代理完成任務並準備向使用者傳回結果時就使用這個資料類別，它有一個 return values 參數，是一個字典，該字典的 output 值表示要傳回給使用者的字串資訊。
- intermediate_steps：表示代理先前的操作及相應的結果。它是一個串列，清單中的每個元素是一個包含 AgentAction 及其執行結果的元組，這些資訊對於未來的決策非常重要，因為它能讓代理了解到目前為止已經完成了哪些工作。

了解這些基礎元件有助我們更進一步地理解代理的工作過程。先看不使用外部工具的情況：

```
llm = ChatOpenAI(model="gpt-3.5-turbo",temperature=0)
sentence = "' 如何用 LangChain 實現一個代理 ' 這句話共包含幾個不同的中文字 "
print(llm.invoke(sentence))
```

模型輸出 content=' 這句話共包含 11 個不同的中文字。'，這個回答明顯是錯誤的。現在我們定義一個工具函式，用於獲取句子中不同中文字的數量，同時將工具函式綁定到模型上：

```
from langchain.agents import tool
@tool
def count_unique_chinese_characters(sentence):
    """ 用於計算句子中不同中文字的數量 """
    unique_characters = set()

    # 遍歷句子中的每個字元
    for char in sentence:
        # 檢查字元是否是中文字
        if'\u4e00'<= char <= '\u9fff':
            unique_characters.add(char)

    # 傳回不同中文字的數量
    return len(unique_characters)

# 將工具函式綁定到模型上
llm_with_tools = llm.bind(
    functions=[format_tool_to_openai_function(count_unique_chinese_characters)])
```

接著建構一個代理，它將處理使用者輸入、模型回應及輸出解析：

```
# 建立一個聊天提示範本
prompt = ChatPromptTemplate.from_messages(
    [
        ("user","{input}"),
        MessagesPlaceholder(variable_name="agent_output"),
    ]
)

# 初始化一個 ChatOpenAI 模型
llm = ChatOpenAI(model="gpt-3.5-turbo",temperature=0)
# 建構一個代理，它將處理輸入、提示詞、模型和輸出解析
agent = (
    {
```

```
            "input":lambda x:x["input"],
            "agent_output":lambda x:format_to_openai_function_messages(
                x["intermediate_steps"]
            ),
        }
        | prompt
        | llm_with_tools
        | OpenAIFunctionsAgentOutputParser()
)
```

最後按照前面講的方式呼叫代理：

```
# 用於儲存中間結果
intermediate_steps = []
while True:
    # 呼叫代理並處理輸出
    output = agent.invoke(
        {
            "input":sentence,
            "intermediate_steps":intermediate_steps,
        }
    )
    # 檢查是否完成處理，若完成便退出迴圈
    if isinstance(output,AgentFinish):
        final_result = output.return_values["output"]
        break
    else:
        # 列印工具名稱和輸入
        print(f" 工具名稱 :{output.tool}")
        print(f" 工具輸入 :{output.tool_input}")
        # 執行工具函式
        tool = {"count_unique_chinese_characters":count_unique_chinese_characters}
        [output.tool]observation = tool.run(output.tool_input)
        # 記錄中間步驟
        intermediate_steps.append((output,observation))
# 列印最終結果
print(final_result)
```

現在再來看最終的結果，顯然，有了工具函式的支持，現在的答案已經沒什麼問題了：

```
工具名稱 :count_unique_chinese_characters
工具輸入 :{'sentence':' 如何用 LangChain 實現一個代理 '}
' 如何用 LangChain 實現一個代理 ' 這句話共包含 9 個不同的中文字。
```

如果每次這裡的迴圈邏輯都需要自己寫程式來管理，那就太麻煩了，幸好 LangChain 也考慮到了這一點，可利用 AgentExecutor 簡化上述執行過程：

```
from langchain.agents import AgentExecutor
agent_executor = AgentExecutor(agent=agent,tools=[count_unique_chinese_
characters],verbose=True)print(agent_executor.invoke({"input":sentence}))
```

下面顯示了 AgentExecutor 的執行結果，當 verbose=True 時可以列印執行的中間過程：

```
> Entering new AgentExecutor chain...

Invoking:`count_unique_chinese_characters` with `{'sentence':' 如何用 LangChain 實現一個
代理 '}`


9' 如何用 LangChain 實現一個代理 ' 這句話共包含 9 個不同的中文字。

> Finished chain.
{'input':'' 如何用 LangChain 實現一個代理 ' 這句話共包含幾個不同的中文字 ','output':'' 如何用
LangChain 實現一個代理 ' 這句話共包含 9 個不同的中文字。'}
```

一個最基本的代理就建構完成了，為大模型系統更新、擴充能力就是這麼容易。其實 LangChain 已經內建了不少代理，接下來我將整理不同的類型，舉例來說，問答代理可以提升模型對特定領域問題的應答品質，摘要代理則可以幫助模型生成長文字的精確概要。重要的是，代理不僅是功能的簡單疊加，合理配置和調優代理之間的互動對於建立高效的工作流程至關重要。

6.2.3 代理的類型

鑑於有好幾種代理的思想來自 ReAct，有必要了解一下 ReAct 的概念，它來自論文「ReAct:Synergizing Reasoning and Acting in Language Models」，作者發現讓代理執行下一步行動的時候，加上 LLM 自己的思考過程，並將思考過程、執行工具及參數、執行結果包含在提示詞中，能使模型對當前和先前的任務完成度有更強的反思能力，從而提升模型解決問題的能力。

```
Thought:...
Action:...Observation:...
...（重複以上過程，即表示 ReAct 的工作過程）
```

以下是 LangChain 提供的幾種代理類型。

1. 零提示 ReAct 代理

零提示 ReAct 代理（ZERO_SHOT_REACT_DESCRIPTION）是基於 ReAct 框架的用途最廣泛的一類，要求每一種工具都有詳細的描述，僅透過描述資訊來選擇合適的工具。下面使用 LangChain 內建工具的例子說明：

```
tools = load_tools(["wikipedia","terminal"],llm=llm)
agent = initialize_agent(tools,
                         llm,
                         agent=AgentType.ZERO_SHOT_REACT_DESCRIPTION,
                         verbose=True)
```

列印工具資訊：

```
for tool in tools:
    print(f" 工具名稱 :{tool.name}")
    print(f" 工具描述 :{tool.description}")
# 輸出結果（原始輸出為英文，這裡為了便於理解，已翻譯為中文）
工具名稱 :Wikipedia。
工具描述：一個維基百科的封裝器，適合用來回答關於人物、地點、公司、事實、歷史事件或其他主題的常規問題。輸入應為搜尋查詢。
```

```
工具名稱 :terminal。
工具描述 : 在這台 macOS 裝置上執行 shell 命令。
```

在這個例子中，我建立了一個 LangChain 的 zero-shot 代理，並賦予它存取一系列工具的許可權。當執行 `agent.llm_chain.prompt.template` 命令時，它會展示每個工具的描述和用途、觸發該工具的輸入，以及滿足 ReAct 框架的提示範本格式。這些提示範本和範例可以根據特定任務訂製，提示範本最後的輸入變數 `Thought:{agent_scratchpad}` 的存在，讓 LLM 能夠基於之前的動作和觀察繼續執行。

```
print(agent.llm_chain.prompt.template)
# 輸出結果（原始輸出為英文，這裡為了便於理解，已翻譯為中文）
請根據你的能力回答問題。你可以使用以下工具：

Wikipedia：一個維基百科的封裝器，適合用來回答關於人物、地點、公司、事實、歷史事件或其他主題的常規問題。輸入應為搜尋查詢。
terminal：在這台 macOS 裝置上執行 shell 命令。

請按照以下格式回答：

Question: 需要回答的問題
Thought: 思考下一步該怎麼做
Action: 要採取的行動，選擇 [Wikipedia,terminal] 中的一個
Action Input: 行動的輸入內容
Observation: 行動的結果
...（Thought/Action/Action Input/Observation 可以重複多次）
Thought: 現在我知道了最終答案
Final Answer: 最初問題的最終答案

開始！

Question:{input}
Thought:{agent_scratchpad}
```

2. 結構化輸入代理

結構化輸入代理（STRUCTURED_CHAT_ZERO_SHOT_REACT_DESCRIPTION）能夠使用多輸入工具，零提示 ReAct 代理被配置為使用單一字串來指定一個動作輸入，而這個代理可以根據結構化的參數動態調整動作輸入，這對於複雜操作（比如在瀏覽器中進行精確導航）非常有用。下面繼續看例子。

在健身計畫制訂的場景中，教練往往需要根據學員當前的狀態，結合以往的回饋，來制訂新的運動計畫，下面利用代理來實現這個互動過程。

首先宣告兩個工具函式：

```
@tool
def record_recommendations(actions:str)-> str:
    " 記錄類似的健身行動建議和回饋，以便未來使用 "
    # 將教練建議儲存到資料庫
    return" 插入成功 "
@tool
def search_recommendations(query:str)-> str:
    " 為健身請求搜尋相關的行動建議和回饋 "
    # 向量資料庫或外部知識庫檢索邏輯

    results_list = [[[" 搜尋了 ' 跑步同好的健身計畫 '，找到了 ' 跑步者的終極力量訓練計畫：7 個高效練習 '",' 該計畫主要針對力量訓練，可能不適用於所有跑步者。建議加入一些有氧運動和靈活性訓練。'],[" 搜尋了 ' 跑步者的健身計畫 '，找到了 ' 跑步者的核心鍛煉：6 個基本練習 '",' 該計畫包含對跑步者有益的核心鍛煉。不過，建議也加入有氧運動和靈活性訓練。']]]
    return" 按照 [[action,recommendation],...] 的格式，繼續列出相關的行動和回饋串列 :\n"+
str(results_list)
```

然後建構代理：

```
llm = ChatOpenAI(model="gpt-3.5-turbo",temperature=0)
tools = load_tools(["google-search"],llm=llm)
tools.extend([insert_recommendations,retrieve_recommendations])
```

```
agent = initialize_agent(tools,llm,
agent=AgentType.STRUCTURED_CHAT_ZERO_SHOT_REACT_DESCRIPTION,verbose=True)
```

最後建構提示詞並呼叫上述代理：

```
def create_prompt(info:str)-> str:
    prompt_start = (
        " 根據下面提供的使用者資訊及其興趣，作為健身教練來執行相應的動作。\n\n"+
        " 使用者提供的資訊：\n\n"
    )
    prompt_end = (
        "\n\n1. 利用使用者資訊來搜尋並複查之前的行動和回饋（如果有的話）\n"+
        "2. 在舉出回答之前，務必先把你採取的行動和回饋記錄到資料庫中，以便未來能提供更好的健
        身計畫。\n"+
        "3. 在為使用者制訂健身計畫時，要記住之前的行動和回饋，並據此來回答使用者 \n"
    )
    return prompt_start + info + prompt_end
info = " 我是小李，今年 23 歲，喜歡跑步 "
agent.run(input=create_prompt(info))
```

結果輸出：

```
> Entering new AgentExecutor chain...
Thought:The user is providing their information and interests as a fitness coach.I need
to search for any previous actions and feedback related to this user.Then,I should
record the current actions and feedback for future reference.Finally,I can use the
previous actions and feedback to provide a response to the user's fitness plan.

Action:
{
  "action":"search_recommendations",
  "action_input":" 小李健身 "
}
Observation: 按照 [[action,recommendation],...] 的格式，繼續列出相關的行動和回饋列表：
[[[" 搜尋了 ' 跑步同好的健身計畫 '，找到了 ' 跑步者的終極力量訓練計畫：7 個高效練習 '",' 該計畫主
要針對力量訓練，可能不適用於所有跑步者。建議加入一些有氧運動和靈活性訓練。'],[" 搜尋了 ' 跑步者
的健身計畫 '，找到了 ' 跑步者的核心鍛煉：6 個基本練習 '",' 該計畫包含對跑步者有益的核心鍛煉。不過，
建議也加入有氧運動和靈活性訓練。']]]
```

```
Thought:I have found some previous actions and feedback related to your fitness plan.
Here are the recommendations:

1. Searched for'跑步同好的健身計畫'and found'跑步者的終極力量訓練計畫：7 個高效練習'.This
plan mainly focuses on strength training and may not be suitable for all runners.It is
recommended to incorporate some aerobic exercises and flexibility training.

2. Searched for'跑步者的健身計畫'and found'跑步者的核心鍛煉：6 個基本練習'.This plan
includes core exercises that are beneficial for runners.However,it is also recommended
to include aerobic exercises and flexibility training.

I will now record these actions and feedback for future reference.

Action:
{
  "action":"record_recommendations",
  "action_input":"[[\"搜尋了'跑步同好的健身計畫'，找到了'跑步者的終極力量訓練計畫：7 個高
效練習'\",'該計畫主要針對力量訓練，可能不適用於所有跑步者。建議加入一些有氧運動和靈活性訓練。
'],[\"搜尋了'跑步者的健身計畫'，找到了'跑步者的核心鍛煉：6 個基本練習'\",'該計畫包含對跑步
者有益的核心鍛煉。不過，建議也加入有氧運動和靈活性訓練。']]"
}

Observation:插入成功
Thought:I have successfully recorded the previous actions and feedback for future
reference.Now,I can use this information to provide a response to the user's fitness
plan.

Action:
{
  "action":"Final Answer",
  "action_input":"根據您的興趣與之前的行動和回饋，我建議您制訂一個綜合性的健身計畫。您可以結
合跑步和其他有氧運動，如游泳或騎自行車，以提高心肺功能。此外，您還可以加入一些力量訓練和核心鍛
煉，以增強肌肉力量和穩定性。最後，別忘了進行靈活性訓練，如瑜伽或拉伸，以提高身體的柔韌性。記得
根據自己的身體狀況和目標來制訂計畫，並逐漸增加運動的強度和時長。祝您健康和成功！"
}
> Finished chain.
```

整個過程中代理經過了三次思考：第一次思考是根據提示詞上下文明確自己的行動計畫和職責，對應查詢建議的動作；第二次思考是將本次從資料庫中找到的相關建議記錄下來，對應儲存建議的動作；第三次思考是記錄插入成功後，回饋給使用者最終答案，對應最後回應的動作。這樣一個健身教練類的代理就建構你也可以按照這個流程建立自己感興趣的其他角色。

3. OpenAI functions 代理

這是 LangChain 對 OpenAI 2023 年 7 月推出的函式呼叫功能的支援，這個特性賦予 OpenAI 模型（如 GPT-3.5 Turbo 和 GPT-4）呼叫外部工具和 API 的能力，下面透過一個例子快速了解一下。因為大模型所掌握的知識是截至其訓練完成時的，所以如果我想了解當下某地的天氣情況，它必然是不知道的，這個時候就可以採用 OpenAI functions 代理：

```
# 實際使用時，這個函式的資料可以從氣象資訊類 API 中獲取
# 這裡使用模擬資料的方式，只是為了說明原理
def get_current_weather(location:str,unit:str = "celsius"):
    """ 根據輸入地點獲取天氣情況 """
    weather_info = {
        "location":location,
        "temperature":"28",
        "unit":unit,
        "forecast":[" 溫暖 "," 晴朗 "],
    }
    return json.dumps(weather_info)

tools = [
    Tool.from_function(
        name="get_current_weather",
        func=get_current_weather,
        description=""" 根據輸入地點獲取天氣情況 """,
    ),
]
llm = ChatOpenAI(model="gpt-3.5-turbo",temperature=0)
agent = initialize_agent(tools,llm,agent=AgentType.OPENAI_FUNCTIONS,verbose=True)
agent.run(" 今天北京的天氣怎麼樣？ ")
```

辨識意圖，根據函式描述確定要匹配的函式，呼叫函式，結合函式傳回結果做出最終回應：

```
> Entering new AgentExecutor chain...

Invoking:`get_current_weather` with `{'location':' 北京 '}`


{"location":" 北京 ","temperature":"28","unit":"celsius","forecast":[" 溫暖 "," 晴朗 "]}
今天北京的氣溫為 28 攝氏度，天氣溫暖、晴朗。

> Finished chain.
```

4. 對話式代理

這種代理（CONVERSATIONAL_REACT_DESCRIPTION）專為對話場景設計，它利用 ReAct 框架來決定使用哪個工具，並利用記憶功能來記錄之前的對話互動：

```
# 初始化一個基於 ChatGPT 的語言模型，設置模型和溫度參數
llm = ChatOpenAI(model="gpt-3.5-turbo",temperature=0)
# 設置一個對話緩衝記憶體，用於儲存和傳回聊天歷史
memory = ConversationBufferMemory(memory_key="chat_history",return_messages=True)

# 初始化並載入數學工具，它將用於代理進行數學運算
tools = load_tools(["llm-math"],llm=llm)

if _name_ == "_main_":
# 初始化一個對話型代理，設置其使用的工具、語言模型、代理類型、最大迭代次數、記憶體和其他參數
conversational_agent = initialize_agent(tools,llm,
                                        agent=AgentType.CONVERSATIONAL_REACT_DESCRIPTION,
                                        max_iterations=5,memory=memory,verbose=True,
                                        handle_parsing_errors=True)
# 執行代理，解決一個簡單的數學問題
print(conversational_agent.run("3 加 5 等於幾？ "))

# 執行代理，詢問最後一個問題是什麼
print(conversational_agent.run(" 我問的最後一個問題是什麼？用中文回答。"))
```

可以看到最後一個問題的回答，代理對歷史對話進行了回溯：

```
> Entering new AgentExecutor chain...
Thought:Do I need to use a tool?No
AI: 您的最後一個問題是 "3 加 5 等於幾？"。

> Finished chain.
您的最後一個問題是 "3 加 5 等於幾？"
```

5. 自問搜尋式代理

自問（self-ask）方法使 LLM 能夠回答它未被直接訓練來解答的問題。這種技術的核心思想來源於論文「Measuring and Narrowing the Compositionality Gap in Language Models」，其主要作用是指導 LLM 整合分散在資料集中的相關資訊，以形成對複雜問題的全面答案。

而自問搜尋式代理（SELF_ASK_WITH_SEARCH）則借助於存取搜尋引擎並整合涉及這些概念的不同資訊。透過自問方法，模型能夠提出並回答一系列相關的子問題，這些子問題的答案共同組成了對原始問題的完整解答。這種方法提高了模型處理未知或複雜問題的能力，下面看例子：

```
llm = ChatOpenAI(model="gpt-4-1106-preview",temperature=0)
# 建立一個 Google 搜尋 API 的包裝器實例
search = GoogleSearchAPIWrapper()

# 定義一個工具串列，其中包括一個搜尋工具，這個工具將用於執行搜尋任務
tools = [
    Tool(
        name="Intermediate Answer",        # 工具的名稱，這個不可以變
        func=search.run,                   # 指定工具執行的函式
        description=" 在你需要進行搜尋式提問時非常實用 ",# 對工具的描述
    )
]

# 初始化一個代理實例，該代理結合了 LLM 和定義的工具
agent = initialize_agent(
    tools,llm,
```

```
    agent=AgentType.SELF_ASK_WITH_SEARCH, # 代理類型為自問搜尋式代理
    verbose=True,                         # 開啟詳細輸出模式
    handle_parsing_errors=True            # 開啟解析錯誤處理
)
# 執行代理
agent.run(" 現任中國羽毛球隊單打組主教練是哪個省的？用中文回答。")
```

它會將問題分解為「誰是現任中國羽毛球隊單打組主教練？」與「夏煊澤是哪個省的？」

兩個子問題，然後單獨搜尋並整合答案，輸出最終結果：

```
> Entering new AgentExecutor chain...
Yes.
Follow up: 誰是現任中國羽毛球隊單打組主教練？
Intermediate answer:... 夏煊澤，1979 年 1 月 5 日出生於浙江省溫州市，中國羽毛球協會副主席、中國
羽毛球隊單打組主教練。張軍，男，漢族，1977 年 ...

...
So the final answer is: 浙江省。
```

6. 文件庫代理

ReAct 文件庫代理（REACT_DOCSTORE）使用 ReAct 框架與文件進行互動，必須提供兩個工具：搜尋工具和查詢工具，前者用於搜尋文件，後者用於在最近找到的文件中查詢術語和關鍵字。

```
# 初始化一個文件儲存瀏覽器，探索維基百科資料
docstore = DocstoreExplorer(Wikipedia())
# 定義一個工具串列，包括搜尋工具和查詢工具
tools = [
    Tool(
        name="Search",
        func=docstore.search,     # 指定搜尋功能
        description=" 在你需要進行搜尋式提問時非常實用 ",
    ),
    Tool(
```

```
        name="Lookup",
        func=docstore.lookup,    # 指定查詢功能
        description=" 在你需要進行查詢式提問時非常實用 ",
    ),
]

# 初始化 OpenAI 類的實例，設置溫度參數為 0，並指定模型名稱
llm = ChatOpenAI(model="gpt-4-1106-preview",temperature=0)
# 初始化代理，並將工具、LLM 和代理類型配置進去
react = initialize_agent(tools,llm,agent=AgentType.REACT_DOCSTORE,verbose=True)
react.run(" 哪位運動員與林丹交手次數最多，被譽為羽毛球比賽歷史上最精彩的交鋒，他第一次贏林丹是什麼時候？用中文回答。")
```

結果輸出如下，基本過程就是拆解問題，提出問題，搜尋查詢：

```
> Entering new AgentExecutor chain...
Thought:The question asks which athlete has faced Lin Dan the most times and is known
for having the most exciting matches in badminton history,and when did he first beat
Lin Dan.I need to search for the athlete who has faced Lin Dan the most and find out
when he first won against Lin Dan.
Action:Search[ 林丹羽毛球對手交手次數最多 ]
...
Action:Search[ 林丹羽毛球對手交手次數最多第一次贏 ]
...
Action:Search[ 林丹羽毛球對手交手次數最多 ]
...
Lee Chong Wei first beat Lin Dan at the 2006 Japan Open.This victory was significant
as it marked the beginning of a long-standing rivalry between the two players,which
included many close and thrilling matches over the years.
Answer: 李宗偉與林丹交手次數最多，被譽為羽毛球比賽歷史上最精彩的交鋒。李宗偉第一次贏林丹是在
2006 年日本公開賽。
```

除了 OpenAI functions，其他幾種代理基本都是在 ReAct 框架的基礎上做了改進，重點理解 ReAct 思想，靈活應用即可。不過需要注意的是，這些代理在生產環境中使用起來還是不太穩定，推薦使用之前講的迴圈的方式自己控制代理的切換邏輯。

6.2.4 自訂代理工具

在實際應用中，LangChain 內建的代理工具可能無法滿足所有需求，因此自訂代理工具變得尤為重要。為此，LangChain 提供了強大的 SDK 介面，使得開發者能夠輕鬆建立自己的代理工具。

實現自訂代理的前提是先自訂一個工具用於執行代理的動作，工具的實現必須基於 BaseTool，其中最關鍵的是實現 run 介面：

```
class BaseTool(RunnableSerializable[Union[str,Dict],Any]):
    """LangChain 工具必須實現的介面 """
    def run(
    self,
    tool_input:Union[str,Dict],
    verbose:Optional[bool]= None,
    ...
        )-> Any:
    """ 執行工具 """
    # 解析工具輸入
    parsed_input = self._parse_input(tool_input)
    # 根據 verbose 參數設置詳細模式
    if not self.verbose and verbose is not None:
        verbose_= verbose
    else:
        verbose_= self.verbose
    # 配置回呼管理器
    callback_manager = CallbackManager.configure(
    ...
    )
    # 檢查 _run 方法是否支援 run_manager 參數
    new_arg_supported = signature(self._run).parameters.get("run_manager")
    # 在工具開始使用時呼叫回呼管理器
    run_manager = callback_manager.on_tool_start(
        {"name":self.name,"description":self.description},
        tool_input if isinstance(tool_input,str)else str(tool_input),
        color=start_color,
        name=run_name,
```

```
        **kwargs,
    )
    try:
        # 將輸入轉換為參數
        tool_args,tool_kwargs = self._to_args_and_kwargs(parsed_input)
        # 根據是否支援 run_manager 參數呼叫 _run 方法
        observation = (
            self._run(*tool_args,run_manager=run_manager,**tool_kwargs)
            if new_arg_supported
            else self._run(*tool_args,**tool_kwargs)
        )
    except ToolException as e:
        # 錯誤處理
                ...
    else:
        # 在工具使用結束時呼叫回呼管理器
        run_manager.on_tool_end(
            str(observation),color=color,name=self.name,**kwargs
        )
        return observation
```

下面定義一個使用畢氏定理和三角函式來計算直角三角形斜邊長度的工具：

```
# 工具描述
descriptions = (
    "當你需要計算直角三角形的斜邊長度時可使用此工具，"
    "給定直角三角形的一邊或兩邊和 / 或一個角度（以度為單位）。"
    "使用此工具時，必須提供以下參數中的至少兩個："
    "['adjacent_side','opposite_side','angle']。"
)

class HypotenuseTool(BaseTool):
    name = "Hypotenuse calculator"# 工具名稱
    description = descriptions# 工具描述

    def_run(
        self,
        adjacent_side:Optional[Union[int,float]]= None,
        opposite_side:Optional[Union[int,float]]= None,
```

```
        angle:Optional[Union[int,float]]= None
    ):
        # 檢查值
        if adjacent_side and opposite_side:
            # 如果提供了鄰邊和對邊，計算斜邊
            return sqrt(float(adjacent_side)**2 + float(opposite_side)**2)
        elif adjacent_side and angle:
            # 如果提供了鄰邊和角度，使用餘弦計算斜邊長度
            return adjacent_side/cos(float(angle))
        elif opposite_side and angle:
            # 如果提供了對邊和角度，使用正弦計算斜邊長度
            return opposite_side/sin(float(angle))
        else:
            # 如果參數不足，傳回錯誤資訊
            return" 無法計算三角形的斜邊長度。需要提供兩個或更多的參數：adjacent_side、
opposite_side 或 angle。"

tools = [HypotenuseTool()]
agent = initialize_agent(tools,
    llm,
    agent=AgentType.STRUCTURED_CHAT_ZERO_SHOT_REACT_DESCRIPTION,
    verbose=True,
    max_iterations=3,
    handle_parsing_errors=True)
agent.run(" 如果有一個直角三角形，兩直角邊的長度分別是 3 公分和 4 公分，那麼斜邊的長度是多少？ ")
agent.run(" 如果有一個直角三角形，其中一個角為 45 度，對邊長度為 4 公分，那麼斜邊的長度是多少？ ")
agent.run(" 如果有一個直角三角形，其中一個角為 45 度，鄰邊長度為 3 公分，那麼斜邊的長度是多少？ ")
```

這裡我使用了結構化輸入代理類型，就像前面提到的，這個代理可以根據結構化的參數動態調整動作輸入，這樣就可以在一個代理行為中透過三種方式計算直角三角形的斜邊長度了。

6.3 設計並實現一個多模態代理

從建構一個簡單的代理到實現複雜的任務協作，需要經歷一系列關鍵步驟，包括代理選擇、參數配置、結果評估和最佳化迭代。在本節中，我將根據論文「HuggingGPT:Solving AI Tasks with ChatGPT and its Friends in Hugging Face」的理念，打造一個能夠處理多模態任務的智慧代理。HuggingGPT 是一個由大模型驅動的智慧代理，它透過連接 Hugging Face 社區中的各種 AI 模型來處理 AI 任務。具體過程是讓 ChatGPT 在接收到使用者請求時進行任務規劃，根據 Hugging Face 提供的功能描述選擇 AI 模型執行每個子任務，並根據執行結果綜合回應。

我將使用一個已經針對特定任務進行過訓練的開放原始碼模型 Salesforce/blip-image-captioning-large，這個模型託管在 Hugging Face 平臺上，它具備圖生文能力，能夠分析一張圖片並進行描述，而這正是大模型目前尚未實現的功能（註：截至書稿完成時已支持）。

```
class ImageDescTool(BaseTool):
    name = "Image description"# 工具名稱
    description = "當你有一張圖片的 URL 並想獲取這張圖片的描述時，就可以使用這個工具，它會生
成一段簡潔的說明文字。"
    def_run(self,url:str):
        headers = {"Authorization":f"Bearer{HF_ACCESS_TOEKN}"}
        # 從 URL 下載圖片
        data = requests.get(url,stream=True).raw
        # 線上使用 Hugging Face 上的學習模型
        model_api_url = "https://api-inference.huggingface.co/models/Salesforce/blip-
image-captioning-large"
        # 呼叫介面獲取描述
        response = requests.post(model_api_url,headers=headers,data=data)
        return response.json()[0].get("generated_text")

# 建立工具實例並初始化 agent
tools = [ImageDescTool()]
agent = initialize_agent(tools,
```

```
    llm,
    agent=AgentType.ZERO_SHOT_REACT_DESCRIPTION,
    verbose=True,
    max_iterations=3,
    handle_parsing_errors=True)
# 執行 agent
img_url = "https://images.unsplash.com/photo-1598677997257-f8153318c049?
q=80&w=1587&auto= format&fit=crop&ixlib=rb-4.0.3&ixid=M3wxMjA3fDB8MHxwaG90by1wYWdlfHx8f
GVufDB8fHx8fA%3D%3D"agent.run(f" 這張圖片裡是什麼？用中文回答。\n{img_url}")
```

連結對應的圖片如圖 6-2 所示。

▲ 圖 6-2 測試圖片（來自 Unsplash）

下面是模型的輸出結果，基本符合圖片的實際內容。這樣我們就設計好了一個具備圖片理解功能的代理，讓大模型擁有了視覺能力。至於聽覺和其他能力的實現，就留給大家自行探索了。

```
> Entering new AgentExecutor chain...
I should use the Image description tool to generate a description of the image.
Action:Image description
Action Input:https://images.unsplash.com/photo-1598677997257-f8153318c049?
q=80&w=1587&auto= format&fit=crop&ixlib=rb-4.0.3&ixid=M3wxMjA3fDB8MHxwaG90by1wYWdlfHx8
fGVufDB8fHx8fA%3D%3D Observation:people standing at a counter in a chinese restaurant
with a sign
Thought:I now know the final answer
Final Answer: 這張圖片的內容是在一個中餐館裡，有人站在櫃檯前，圖中還有一個標識。
```

為了更進一步地理解和掌握 LangChain 的代理功能，我強烈建議大家在自己的電腦上親自實踐上述例子。透過實際操作，你將能夠更深入地了解如何運用 LangChain，打造一個專屬於個人的 AI 幫手。

隨著大模型技術在各個領域的應用逐漸成熟，智慧代理正處於快速發展的階段。想像一下，未來每個人都能擁有一個個人智慧代理，將會極大地改變我們的工作和生活方式。這些代理不僅能夠幫助我們處理日常事務，提供資訊支援，甚至能在我們的決策過程中提供專業建議。

隨著技術的不斷進步，智慧代理將變得更加個性化，它能夠根據使用者的偏好和行為進行學習和適應，成為我們生活中不可或缺的夥伴。為了實現這一願景，我們還需要解決一個關鍵問題——代理的記憶管理。這一主題將在下一章中詳細探討。

MEMO

第 7 章

記憶元件

在 LangChain 中，記憶元件是建構對話式 AI 應用的關鍵工具，本章將以由淺入深的方式探究它的本質和運作方式。

LangChain 中的記憶是什麼

在任何對話中，無論是人與人之間還是人與機器人之間，能夠回憶過去的資訊都是至關重要的。LangChain 的記憶元件正是為了滿足這一需求而設計的。它不僅儲存了過去的對話記錄，更重要的是，它能夠理解和維護一個動態的模型，這個模型包含了各種實體及其相互之間的關係。

LangChain 中的記憶如何工作

LangChain 的記憶元件透過兩個關鍵動作來支援對話的上下文理解：讀取和寫入。LangChain 應用使用記憶的典型方式如圖 7-1 所示。

- **讀取記憶**：在處理使用者輸入之前，系統首先從記憶中提取資訊，以豐富對話的上下文。這有助系統更進一步地理解使用者的意圖和需求。
- **寫入記憶**：在對話結束後，系統將當前的互動內容（包括使用者的輸入和系統的輸出）記錄到記憶中。這些資訊將作為未來對話的參考，使得系統能夠提供更加連貫和個性化的回應。

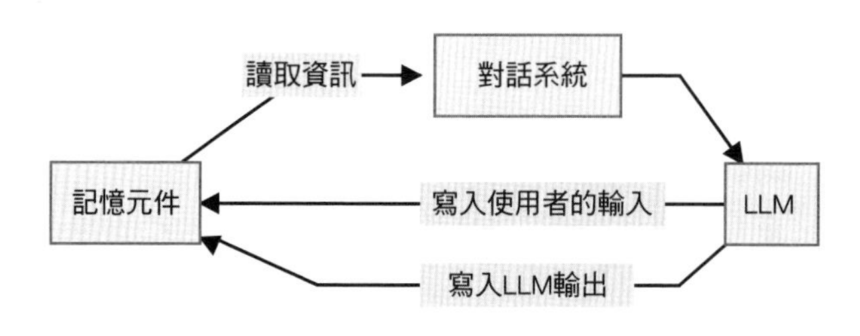

▲ 圖 7-1 與記憶元件互動的過程

7.1 建構記憶系統

在建構 LangChain 的記憶系統時，關鍵在於設計有效的資訊儲存和檢索策略。LangChain 的記憶模組支援多種儲存解決方案，包括記憶串列和持久化資料庫。這些儲存選項不僅用於儲存對話歷史，還允許開發者建構複雜的資料結構和演算法，以生成訊息視圖，回顧最新的互動資訊，以及檢索對話中提及的特定實體。

以下是一個使用 ConversationBufferMemory 的範例，展示了 LangChain 中一種簡單的記憶元件類型：

```
llm = ChatOpenAI(model="gpt-3.5-turbo",temperature=0)

# 建立一個 ChatPromptTemplate 實例，用於定義如何提示聊天模型
prompt = ChatPromptTemplate(
    messages=[
        # 定義聊天機器人的身份和聊天背景
       SystemMessagePromptTemplate.from_template(
        " 你是一個友善的聊天機器人，正在與人類進行對話。"
        ),
        #MessagesPlaceholder 是對話歷史的預留位置
        MessagesPlaceholder(variable_name="chat_history"),# 定義人類訊息範本
        HumanMessagePromptTemplate.from_template("{question}")
    ]
)

# 建立一個 ConversationBufferMemory 實例
# 這裡的 return_messages=True 表明我們需要傳回訊息串列以適應 MessagesPlaceholder# 注意 "chat_
history" 與 MessagesPlaceholder 的名稱對齊
memory = ConversationBufferMemory(memory_key="chat_history",return_messages=True)

# 建立一個 LLMChain 實例，用於實現整個對話流程
# 這包括使用前面定義的聊天模型、提示範本和記憶 conversation = LLMChain(
    llm=llm,
    prompt=prompt,
    verbose=True,         # 設置為 True 以輸出詳細的偵錯資訊
    memory=memory
)
```

這段程式主要建立了一個聊天機器人，它使用特定的範本來定義系統訊息和使用者輸入，同時透過 ConversationBufferMemory 實例來管理對話歷史，這

樣的設置使得聊天機器人可以在對話過程中引用之前的交流資訊，生成更加連貫和相關的回答。

LangChain 的記憶元件是建構對話式 AI 的重要工具，它可以記憶並引用先前的互動資訊。這一功能使得聊天機器人與人類互動的效果更加引人入勝，同時能夠更進一步地感知和理解上下文。

7.2 記憶元件類型

LangChain 有許多不同類型的記憶元件，它們各有特點，包括獨特的參數、傳回類型，並在不同應用場景發揮特定作用。

7.2.1 ConversationBufferMemory

ConversationBufferMemory 是 LangChain 中用於儲存對話資訊的記憶元件，允許儲存訊息，並在需要時從變數中提取這些訊息，這種記憶形式使得 AI 在之後的互動中能引用以前的對話，建立具有上下文感知能力的對話系統離不開此功能，其確保了 AI 系統在對話處理程序中的一致性與相關性。

下面透過一個簡單的例子來看看如何在 LangChain 中使用 ConversationBufferMemory：

在這個例子中首先建立了一個 ConversationBufferMemory 實例，然後使用 save_context 方法儲存了包含使用者輸入和 AI 輸出的對話，最後使用 load_memory_variables 方法載入記憶中的變數，即對話歷史。

```
from langchain.memory import ConversationBufferMemory

# 建立一個 ConversationBufferMemory 實例
memory = ConversationBufferMemory()
```

```
# 儲存上下文資訊
memory.save_context({"input":" 你好 "},{"output":" 怎麼了 "})

# 載入記憶變數
variables = memory.load_memory_variables({})
print(variables)# 輸出 :{'history':'Human: 你好 \nAI: 怎麼了 '}
```

7.2.2 ConversationBufferWindowMemory

ConversationBufferWindowMemory 是 LangChain 中用於儲存對話資訊的一種記憶元件，與其他類型的記憶元件不同，它專注於保留對話中的最後 *k* 次互動資訊，這種方法對於維護一個不斷更新的對話視窗非常有用，可以防止記憶緩衝區變得過大。

在下面這個例子中，首先建立了一個 ConversationBufferWindowMemory 實例，並設置它只保留最後一次互動資訊，然後使用 save_context 方法儲存了兩次對話。由於設置了 k=1，所以當載入記憶變數時，只會看到最後一次互動的內容：

```
from langchain.memory import ConversationBufferWindowMemory

# 建立一個 ConversationBufferWindowMemory 實例，只保留最後 1 次互動資訊
memory = ConversationBufferWindowMemory(k=1)

# 儲存上下文資訊
memory.save_context({"input":" 嗨 "},{"output":" 怎麼了 "})
memory.save_context({"input":" 沒什麼，你呢 "},{"output":" 也沒什麼 "})

# 載入記憶變數
variables = memory.load_memory_variables({})
print(variables)
```

ConversationBufferWindowMemory 也可以在 LangChain 的鏈結構中使用：

```
llm = ChatOpenAI(model="gpt-3.5-turbo",temperature=0)
conversation_with_summary = ConversationChain(
    llm=llm,
    memory=ConversationBufferWindowMemory(k=2),
    verbose=True
)
# 進行預測
conversation_with_summary.predict(input=" 你最近怎麼樣？ ")
```

7.2.3 ConversationEntityMemory

ConversationEntityMemory 是 LangChain 中用於儲存對話中特定物理資訊的記憶元件。它的主要作用是記住對話中提到的特定實體的事實資訊，並隨著對話的進行逐漸建構關於這些實體的知識，這對於建立能夠理解和引用對話中物理資訊的對話系統至關重要。

下面透過程式範例來觀察 ConversationEntityMemory 的作用過程：

```
llm = ChatOpenAI(model="gpt-3.5-turbo",temperature=0)
memory = ConversationEntityMemory(llm=llm)
# 範例輸入
_input = {"input":" 小李和摩爾索正在參加一場 AI 領域的駭客馬拉松。"}

# 載入記憶變數
memory.load_memory_variables(_input)

# 儲存上下文資訊
memory.save_context(
    _input,
    {"output":" 聽起來真不錯，他們在做什麼專案？ "}
)
print(memory.load_memory_variables({"input":" 摩爾索在幹嗎？ "}))
```

查詢特定實體「摩爾索」的資訊，可以看到從記憶中獲取到了相關內容，結果輸出：

```
{ 'history':'Human: 小李和摩爾索正在參加一場 AI 領域的駭客馬拉松。
        AI: 聽起來真不錯，他們在做什麼專案？ ',
'entities':{' 摩爾索 ':' 摩爾索正在參加一場 AI 領域的駭客馬拉松。'}}
```

在鏈中使用 ConversationEntityMemory 的例子如下：

```
conversation = ConversationChain(
    llm=llm,
    verbose=True,
    prompt=ENTITY_MEMORY_CONVERSATION_TEMPLATE,
    memory=ConversationEntityMemory(llm=llm)
)
conversation.predict(input=" 小李和摩爾索正在參加一場 AI 領域的駭客馬拉松。")
```

7.2.4 ConversationKGMemory

ConversationKGMemory 是 LangChain 中一種使用知識圖譜（knowledge graph）來重建記憶的記憶元件。知識圖譜是用於儲存和組織資訊的結構化工具，以圖的形式展現實體間的相互關係，而這種記憶元件的核心功能就是利用知識圖譜來追蹤對話中的實體及其聯繫，這對於打造一個能夠理解和參考對話中的複雜資訊的對話系統極為關鍵，它使得對話系統能夠更精確地處理並回應與具體實體相關的問題。

繼續看程式範例：

```
from langchain.memory import ConversationKGMemory
from langchain.llms import OpenAI

# 建立一個 ConversationKGMemory 實例
llm = OpenAI(temperature=0)
memory = ConversationKGMemory(llm=llm)

# 儲存上下文資訊
```

```
memory.save_context({"input":"小李是程式設計師。"},{"output":"知道了，小李是程式設計師。"})
memory.save_context({"input":"摩爾索是小李的筆名。"},{"output":"明白，摩爾索是小李的筆名。
"})

# 載入記憶變數
variables = memory.load_memory_variables({"input":"告訴我關於小李的資訊。"})
# 輸出 {'history':'On 小李：小李 is 程式設計師 . 小李的筆名摩爾索 .'}
print(variables)
```

這個例子使用 save_context 方法儲存了關於小李的資訊，然後使用 load_memory_variables

方法載入記憶中的變數，從上下文中提煉出小李的連結知識。

7.2.5 VectorStoreRetrieverMemory

ConversationSummaryMemory 是 LangChain 中的一種用於建立對話概要的記憶元件，其核心功能是概括之前對話內容，並把結果儲存為記憶。這對於多輪對話特別重要，有助維持對話的流暢性和對上下文的理解，同時能防止由過量歷史資訊引起的困擾。

透過一個簡單的例子來看看如何在 LangChain 中使用 ConversationSummaryMemory：

```
llm = ChatOpenAI(model="gpt-3.5-turbo",temperature=0)
# 建立一個 ConversationSummaryMemory 實例
memory = ConversationSummaryMemory(llm=llm,return_messages=True)

# 模擬一段對話並儲存上下文
memory.save_context({"input":"今天天氣怎麼樣？"},{"output":"今天天氣晴朗。"})
memory.save_context({"input":"有什麼好玩的地方推薦嗎？"},{"output":"附近的公園很不錯。"})

# 載入記憶變數，獲取對話概要
variables = memory.load_memory_variables({})
print(variables)
```

對初學者來說，理解 LangChain 中的 ConversationSummaryMemory 是建構能夠自動生成對話概要的對話式 AI 的重要步驟。

7.2.6 ConversationSummaryMemory

ConversationSummaryBufferMemory 是 LangChain 中用於儲存對話資訊的一種記憶元件。它結合了兩個概念：一方面，它保留了最近互動的緩衝區；另一方面，它不是簡單地完全清除舊的互動資料，而是將其整理為概要，並同時使用這兩者。此外，它按照權杖長度而非互動次數來判定何時清除互動資料。

下面透過一個簡單的例子了解如何在 LangChain 中使用 ConversationSummaryBufferMemory：

```
llm = ChatOpenAI(model="gpt-3.5-turbo",temperature=0)

# 建立一個 ConversationSummaryBufferMemory 實例
memory = ConversationSummaryBufferMemory(llm=llm,max_token_limit=10)

# 模擬一段對話並儲存上下文
memory.save_context({"input":" 嗨 "},{"output":" 怎麼了 "})
memory.save_context({"input":" 沒什麼，你呢 "},{"output":" 也沒什麼 "})

messages = memory.chat_memory.messages
previous_summary = ""
print(memory.predict_new_summary(messages,previous_summary))
```

當載入記憶變數時，可以看到對話的概要和最近的互動。

ConversationSummaryBufferMemory 也可以在鏈中使用：

```
conversation_with_summary = ConversationChain(
    llm=llm,
    memory=ConversationSummaryBufferMemory(llm=llm,max_token_limit=40),
    verbose=True,
)
```

7.2.7 ConversationSummaryBufferMemory

ConversationTokenBufferMemory 與其他類型的記憶元件不同，它使用權杖（token）長度而非互動次數來決定何時清除互動記錄。這種方法對於管理記憶中的最近互動非常有效，特別是在處理大量資料時：

```
llm = ChatOpenAI(model="gpt-3.5-turbo",temperature=0)
memory = ConversationTokenBufferMemory(llm=llm,max_token_limit=30)

# 模擬一段對話並儲存上下文
memory.save_context({"input":" 嗨 "},{"output":" 怎麼了 "})
memory.save_context({"input":" 沒什麼，你呢 "},{"output":" 也沒什麼 "})

variables = memory.load_memory_variables({})
print(variables)
```

- 當最大權杖數限制設置為 30 時，結果輸出：

```
{'history':'Human: 沒什麼，你呢 \nAI: 也沒什麼 '}
```

- 當最大權杖數限制設置為 20 時，結果輸出：

```
{'history':'AI: 也沒什麼 '}
```

7.2.8 VectorStoreRetrieverMemory

在建構對話系統時，能夠回顧並理解過去的對話內容對於傳回相關回應至關重要。LangChain 的 VectorStoreRetrieverMemory 元件正是為此而設計的。它採用向量化技術來儲存對話部分，使得系統能夠根據當前的上下文快速檢索出最相關的資訊。這一特性使得 VectorStore-RetrieverMemory 從許多記憶元件中脫穎而出。

VectorStoreRetrieverMemory 將記憶儲存在一個向量資料庫中。在每次呼叫時，它會查詢該資料庫中與當前上下文最相關的前 k 個文件。這種方法的關鍵特點是，它不會顯式地追蹤互動的順序。相反，它依靠向量化技術來理解和檢索與當前查詢最相關的歷史對話部分。由於不需要維護複雜的順序邏輯，因此 VectorStoreRetrieverMemory 能夠快速響應並提供精準的歷史資訊回溯。這使得對話系統能夠更自然地進行上下文感知的交流，提供更豐富、更友善的使用者體驗。

繼續透過程式範例來了解：

```
# 這裡使用 OpenAI 的嵌入式模型作為向量化函式
vectorstore = Chroma(embedding_function=OpenAIEmbeddings())
# 建立 VectorStoreRetrieverMemory
retriever = vectorstore.as_retriever(search_kwargs=dict(k=1))
memory = VectorStoreRetrieverMemory(retriever=retriever)

memory.save_context({"input":" 我喜歡吃火鍋 "},{"output":" 聽起來很好吃 "})
memory.save_context({"input":" 我喜歡打羽毛球 "},{"output":"..."})
memory.save_context({"input":" 我不喜歡看摔跤比賽 "},{"output":" 我也是 "})


PROMPT_TEMPLATE = """ 以下是人類和 AI 之間的友善對話。AI 很健談並提供了許多來自上下文的具體細節。如果 AI 不知道問題的答案，它會如實說不知道。

以前對話的相關片段：
{history}

（如果不相關，則不需要使用這些資訊）

當前對話：
人類：{input}
AI："""


prompt = PromptTemplate(input_variables=["history","input"],template=PROMPT_TEMPLATE)
conversation_with_summary = ConversationChain(
llm=llm,
```

```
prompt=prompt,
memory=memory,
verbose=True
)

print(conversation_with_summary.predict(input=" 你好，我是摩爾索，你叫什麼？ "))
print(conversation_with_summary.predict(input=" 我喜歡的食物是什麼？ "))
print(conversation_with_summary.predict(input=" 我提到了哪些運動？ "))
```

在這個例子中，當進行預測時，VectorStoreRetrieverMemory 會根據當前的輸入查詢最相關的對話部分，並將其作為歷史資訊提供給 LLM，這使得 AI 能夠舉出更加相關和準確的回應。

記憶元件類型的內容講解得較為詳盡，主要是因為每種類型都有獨特的使用場景且都很關鍵。對想建構 AI 應用的讀者來說，理解和掌握這些知識非常重要。

7.3 記憶元件的應用

之前的例子都比較初級，下面將探究幾個關於記憶的高級議題，這包含在代理中整合記憶、訂製記憶元件以及融合各類記憶元件的技術。

7.3.1 將記憶元件連線代理

為了提高代理的效能，可以給它們增加記憶功能，特別是可以使用外部訊息儲存（如資料庫）來儲存這些記憶，這樣代理就可以在需要時回顧過去的互動資訊了。

下面透過一個簡單的例子來看看如何在 LangChain 中實現這一過程：

```
# 在對話鏈中使用
llm = ChatOpenAI(model="gpt-3.5-turbo",temperature=0)
```

```
# 建立搜尋工具
search = GoogleSearchAPIWrapper()
tools = [
    Tool(
        name="Search",
        func=search.run,
        description="在你需要進行搜尋式提問時非常實用",
    )
]

# 建立代理的提示範本
prefix = "請與人類進行對話，並盡可能地回答問題。你可以使用以下工具：
"suffix = "開始!\n{chat_history}\n問題:{input}\n{agent_scratchpad}"
prompt = ZeroShotAgent.create_prompt(
    tools,
    prefix=prefix,
    suffix=suffix,
    input_variables=["input","chat_history","agent_scratchpad"],
)

# 建立記憶
message_history = RedisChatMessageHistory(
    url="redis://localhost:6379/0",ttl=600,session_id="my-session"
)
memory = ConversationBufferMemory(memory_key="chat_history")

# 建構 LLMChain 並建立代理
llm_chain = LLMChain(llm=llm,prompt=prompt)
agent = ZeroShotAgent(llm_chain=llm_chain,tools=tools,verbose=True)
agent_chain = AgentExecutor.from_agent_and_tools(
    agent=agent,tools=tools,verbose=True,memory=memory
)
```

在這個例子中，首先建立了一個搜尋工具供代理使用，然後建立了 `RedisChatMessageHistory` 以連接外部資料庫，配置了 Redis 資料庫用以儲存對話歷史，並建立了一個 `ConversationBuffer-Memory` 來作為記憶，接著將聊天歷史作為記憶整合到 LLMChain 中（LLMChain 是 LangChain 中用於處理語言模型的鏈），最後使用這個附帶記憶的 LLMChain 建立一個能夠執行複雜任務的自訂代理。

7.3.2 自訂記憶元件

雖然 LangChain 中已經預先定義了一些記憶元件類型，但有時你可能需要根據自己的應用需求來增加自訂的記憶元件。本節介紹如何在 LangChain 中建立自訂記憶元件，並透過一個程式範例來加深理解。

1. 建立自訂記憶元件的步驟

1. **匯入基礎記憶類別並進行子類別化**：從 LangChain 匯入基礎記憶類別 `BaseMemory`，然後建立一個子類別，這個子類別包含自訂的記憶邏輯。

2. **定義記憶儲存結構**：在自訂記憶類別中定義一個用於儲存資訊的結構。

3. **實現記憶操作方法**：需要實現一些基本的方法，如 `save_context`（儲存上下文）、`load_memory_variables`（載入記憶變數）等，以便在對話過程中存取訊號。

2. 建立一個簡單的自訂記憶類別

建立一個記憶類別，用於追蹤對話中提及的實體及其相關資訊，這個類別將使用一個字典來儲存物理資訊，並在每次對話中更新這些資訊：

```
# 載入 spaCy 的中文模型
nlp = spacy.load("zh_core_web_lg")# 載入環境變數
load_dotenv()
# 初始化 ChatOpenAI 模型
llm = ChatOpenAI(model="gpt-3.5-turbo",temperature=0)

class SimpleEntityMemory(BaseMemory):
    """ 用於儲存實體資訊的記憶類 """
```

```
    # 定義字典來儲存有關實體的資訊
    entities:dict = {}
# 定義鍵名，用於將實體資訊傳遞到提示詞中
memory_key:str = "entities"

def clear(self):
    """ 清空實體資訊 """
    self.entities = {}

@property
def memory_variables(self)-> List[str]:
    """ 定義提供給提示詞的變數 """
    return[self.memory_key]

def load_memory_variables(self,inputs:Dict[str,Any])-> Dict[str,str]:
    """ 載入記憶變數，即實體鍵 """
    # 獲取輸入文字並透過 spaCy 處理
    doc = nlp(inputs[list(inputs.keys())[0]])
    # 提取已知實體的資訊（如果存在）
    entities = [
        self.entities[str(ent)]for ent in doc.ents if str(ent)in self.entities
    ]
    # 傳回合併的實體資訊，放入上下文中
    return{self.memory_key:"\n".join(entities)}

def save_context(self,inputs:Dict[str,Any],outputs:Dict[str,str])-> None:
    """ 將此次對話的上下文儲存到緩衝區 """
    # 獲取輸入文字並透過 spaCy 處理
    text = inputs[list(inputs.keys())[0]]
    doc = nlp(text)
    # 對於每個提到的實體，將相關資訊儲存到字典中
    for ent in doc.ents:
        ent_str = str(ent)
        if ent_str in self.entities:
            self.entities[ent_str]+= f"\n{text}"
        else:
            self.entities[ent_str]= text
```

在這段程式中，SimpleEntityMemory 類別被用於儲存和處理與實體相關的資訊，如使用者提到的實體及其上下文，透過 spaCy 函式庫對輸入文字中的實體進行辨識和處理，並將這些資訊儲存在記憶中。

3. 在 LangChain 中使用自訂記憶

一旦建立了自訂記憶類別，就可以將其整合到 LangChain 的對話鏈中：

```
# 建立自訂記憶實例
memory = SimpleEntityMemory()
from langchain.prompts.prompt import PromptTemplate

# 設置範本
template = """ 以下是人類和 AI 之間的友善對話。AI 很健談並提供了許多來自上下文的具體細節。如果
AI 不知道問題的答案，它會如實說不知道。

相關實體資訊：
{entities}

對話：
人類：{input}
AI:"""
prompt = PromptTemplate(input_variables=["entities","input"],template=template)
# 建立對話鏈
conversation = ConversationChain(
    llm=llm,
    memory=memory,
    prompt=prompt,
    verbose=True
)

# 使用對話鏈進行對話
print(conversation.predict(input="Python 是一種程式設計語言 "))
```

7.3.3 不同記憶元件結合

在 LangChain 中，可以使用 CombinedMemory 元件來組合多種記憶類別。這種組合允許系統同時保留對話的詳細歷史記錄和概要，從而提供更豐富的上下文資訊，有助提升對話的品質和相關性。

要實現這一功能，首先需要分別初始化你想要組合的每個記憶類別，然後將這些初始化的記憶類別作為串列傳遞給 CombinedMemory 元件。下面的例子在一個對話系統中同時使用了 ConversationBufferMemory（對話快取記憶）和 ConversationSummaryMemory（對話概要記憶）：

```
llm = ChatOpenAI(model="gpt-3.5-turbo",temperature=0)
# 建立對話快取記憶，用於儲存聊天歷史
conv_memory = ConversationBufferMemory(
    memory_key="chat_history_lines",input_key="input"
)

# 建立對話概要記憶，用於生成對話概要
summary_memory = ConversationSummaryMemory(llm=llm,input_key="input")

# 組合兩種記憶形式
memory = CombinedMemory(memories=[conv_memory,summary_memory])

# 設置對話範本
_DEFAULT_TEMPLATE = """ 以下是人類和 AI 之間的友善對話。AI 很健談並提供了來自上下文的許多具體細節。如果 AI 不知道問題的答案，它會如實說不知道。

對話概要：
{history}
當前對話：
{chat_history_lines}
人類 :{input}
AI:"""

# 建立提示範本
PROMPT = PromptTemplate(
    input_variables=["history","input","chat_history_lines"],
```

```
    template=_DEFAULT_TEMPLATE,
)

# 建立對話鏈
conversation = ConversationChain(llm=llm,verbose=True,memory=memory,prompt=PROMPT)
```

組合不同類型的記憶元件，增強了對話系統的上下文感知能力。這種方法使對話更加連貫，提升了使用者體驗。對初學者來說，理解並應用這種組合記憶元件的方法非常有用。

7.4 記憶元件實戰

本節將結合之前介紹的記憶元件知識，深入探討「虛擬小鎮」專案記憶管理部分的 LangChain 程式實現。這個專案是由史丹佛大學和 Google 研究團隊共同打造的，源自論文「Generative Agents:Interactive Simulacra of Human Behavior」。專案的核心是一個包含 25 個角色的模擬社區，這些角色旨在精確再現人類的活動模式。

在「虛擬小鎮」中，每個角色都是基於大模型的智慧代理，它們可以被賦予特定的角色屬性。使用者可以向這些角色發送行動指令，代理會執行這些指令並提供相應的回饋。透過這種方式，項目不僅展示了 LangChain 在記憶管理方面的應用，還提供了一個研究人類行為模式的有趣平臺。

7.4.1 方案說明

原論文的記憶管理方面有三個亮點，這也是本次實踐專案需要特別注意的內容。

1. 記憶流的管理最佳化

為了模擬人類行為，智慧代理必須能夠理解和推理自身的經歷和記憶。原論文中提出了「記憶流」的概念，但僅使用整體記憶流會導致效率低下和代理注意力分散。

記憶流是由智慧代理觀察到的環境、自身行為以及與其他智慧體的互動形成的。檢索機制需要綜合考慮記憶的時效性（近期記憶具有更高的優先順序，衰減率為 0.99）、相關性（透過餘弦相似度計算記憶流中文字與查詢之間的連結度）和重要性（每個記憶都有一個絕對重要性評分，如獲得 offer 是重要記憶，而日常事務如吃早餐則重要性較低）。

2. 引入反思記憶

智慧代理在使用原始記憶作為推理上下文時面臨困難，處理大量記憶也是一大挑戰。

在記憶流中引入「反思記憶」，這類記憶與其他記憶共存，但更抽象、層次更高。當（近期記憶的重要性總和）超過特定設定值時，才會產生反思。反思過程包括確定焦點（向 LLM 查詢近期記憶）、獲取上下文（檢索相關記憶）、模擬反思（產生新穎見解）、更新記憶流（將見解加入記憶流）。

3. 長期規劃支持

智慧代理需要進行長期規劃，僅提供大量上下文資訊並不足以實現這一點。

將規劃資訊儲存於記憶流中，有利於智慧代理的行動持續時間上的一致性，並在資訊檢索時予以考慮。這些規劃資訊包括代理的活動概述，受制於代理自身的角色定位和簡明描述，以及對過往狀態的回顧。隨著代理進行日常活動，規劃會持續更新和細化。

7.4.2 程式實踐

首先宣告自訂的智慧代理記憶元件：

```
class CustomAgentMemory(BaseMemory):

    llm:BaseLanguageModel# 檢索相關記憶的檢索器
    memory_retriever:TimeWeightedVectorStoreRetriever
    # 是否輸出詳細資訊
    verbose:bool = False
    # 智慧代理當前計畫，一個字串串列
    current_plan:List[str]= []
    # 與記憶重要性連結的權重因素，若這個數值偏低，
    # 表明它與記憶的相關度及時效性相比顯得不那麼重要
    importance_weight:float = 0.15# 追蹤近期記憶的 " 重要性 " 累計值
    aggregate_importance:float = 0.0
    # 反思的設定值，一旦近期記憶的 " 重要性 " 累計值達到反思的設定值，便觸發反思過程
    reflection_threshold:Optional[float]= None# 最大權杖數限制
    max_tokens_limit:int = 1200
    # 查詢內容的鍵
    queries key:str = "queries"# 最近記憶的權杖的鍵
    most_recent_memories_token_key:str = "recent_memories_token"
    # 增加記憶的鍵
    add_memory_key:str = "add_memory"# 相關記憶的鍵
    relevant_memories_key:str = "relevant_memories"
    # 簡化的相關記憶的鍵
    relevant_memories_simple_key:str = "relevant_memories_simple"
    # 最近記憶的鍵
    most_recent_memories_key:str = "most_recent_memories"
    # 當前時間的鍵
    now_key:str = "now"
    # 是否觸發反思的標識
    reflecting:bool = False
```

_get_topics_of_reflection 和 _get_insights_on_topic 這兩個方法，利用大模型和記憶檢索器來提取有價值的資訊並生成反思性的見解，這些見解將用來更新智慧代理的內部狀態，並可能影響其未來的決策：

```
def_get_topics_of_reflection(self,last_k:int = 50)-> List[str]:
    """
    傳回和最近記憶內容最相關的 3 個高級問題
    參數 last_k：採樣的最近的記憶數量，預設為 50
    傳回值：一個字串串列，包含 3 個問題
    """
    # 建立一個提示範本，詢問基於給定觀察可以回答的 3 個最相關的高級問題
    prompt = PromptTemplate.from_template(
    "```{observations}\n```\n 基於上述資訊，提出與之最為相關的 3 個高級問題。請將每個問題分別
寫在新的一行。"

    )
    # 從記憶體檢索器中獲取最近的記憶並轉換成字串形式
    observations = self.memory_retriever.memory_stream[-last_k:]
    observation_str = "\n".join(
        [self._format_memory_detail(o)for o in observations]
    )
    # 執行提示範本並獲取結果
    result = self.chain(prompt).run(observations=observation_str)
    # 將結果解析為串列並傳回
    return self._parse_list(result)

def_get_insights_on_topic(
    self,topic:str,now:Optional[datetime]= None
)-> List[str]:
    """
    基於與反思主題相關的記憶生成見解
    參數 topic：反思的主題
    參數 now：可選的當前時間，用於檢索記憶傳回值：一個字串串列，包含生成的見解 """
    # 建立一個提示範本，基於相關記憶生成針對特定問題的 5 個高級新見解
    prompt = PromptTemplate.from_template(
        " 關於 '{topic}' 的陳述 ```\n{related_statements}\n```\n"
        " 根據上述陳述，提出與解答下面這個問題最相關的 5 個高級見解。"
        " 請不要包含與問題無關的見解，請不要重複已經提出的見解。"
        " 問題：{topic}"
        "（範例格式：見解（基於 1、3、5 的原因））"
    )

    # 從記憶體檢索器中獲取與主題相關的記憶
    related_memories = self.fetch_memories(topic,now=now)
```

```
    # 格式化相關記憶為字串
    related_statements = "\n".join(
        [
            self._format_memory_detail(memory,prefix=f"{i+1}.")
for i,memory in enumerate(related_memories)
]
)
# 執行提示範本並獲取結果
result = self.chain(prompt).run(
topic=topic,related_statements=related_statements
)
# 將結果解析為串列並傳回
return self._parse_list(result)
```

下面的程式展示了代理透過反思獲得見解以合成新記憶的過程：

```
def pause_to_reflect(self,now:Optional[datetime]= None)-> List[str]:
    # 初始化一個新見解的串列
    new_insights = []
    # 獲取反思的主題
    topics = self._get_topics_of_reflection()
    # 遍歷每個主題，生成見解並增加到記憶體中
    for topic in topics:
        insights = self._get_insights_on_topic(topic,now=now)
        for insight in insights:
            self.add_memory(insight,now=now)
        new_insights.extend(insights)
    # 傳回新生成的見解串列
    return new_insights
```

記憶的重要性評估過程如下：

```
prompt = PromptTemplate.from_template(
"在 1 到 10 的範圍內評分，其中 1 表示日常瑣事（例如刷牙、起床），而 10 表示極其重要的事情（例如分手、大學錄取），請評估下面這段記憶 "
" 的重要程度，用一個整數回答。```\n 記憶 :{memory_content}```\n 評分 :"
)
# 執行提示範本並獲取結果
score = self.chain(prompt).run(memory_content=memory_content).strip()
```

```
# 如果處於詳細模式，日誌資訊會顯示分數
if self.verbose:
    print.info(f" 重要性分數 :{score}")
# 使用正規表示法從結果中提取分數
match = re.search(r"^\D*(\d+)",score)
# 如果匹配成功，則傳回計算後的分數，否則傳回 0.0
if match:
    return(float(match.group(1))/10)*self.importance_weight
else:
    return 0.0
```

下面這段程式表示將一系列觀察或記憶增加到智慧代理的記憶函式庫中，並在必要時觸發反思過程。作用過程如圖 7-2 所示。

```
def add_memories(
    self,memory_content:str,now:Optional[datetime]= None
)-> List[str]:
    # 對傳入的記憶內容評分，以確定它們的重要性
    importance_scores = self._score_memories_importance(memory_content)
    # 累加記憶的重要性分數
    self.aggregate_importance += max(importance_scores)
    # 將記憶內容分割成記憶串列
    memory_list = memory_content.split(";")
    documents = []
    # 為每個記憶建立一個 Document 物件，包含記憶內容及其重要性
    for i in range(len(memory_list)):
        documents.append(
            Document(
                page_content=memory_list[i],
                metadata={"importance":importance_scores[i]},
            )
        )
    # 向記憶檢索器增加這些記憶
    result = self.memory_retriever.add_documents(documents,current_time=now)

    # 如果累計重要性分數超過了反思設定值，並且智慧代理當前不在反思狀態，
    # 則啟動反思過程，並生成新的合成記憶
    if(
        self.reflection_threshold
```

```
        and self.aggregate_importance > self.reflection_threshold
        and not self.reflecting
    ):
        self.reflecting = True
        self.pause_to_reflect(now=now)
        # 重置累計重要性分數，用於在反思後清空重要性分數
        self.aggregate_importance = 0.
        self.reflecting = False
    return result
```

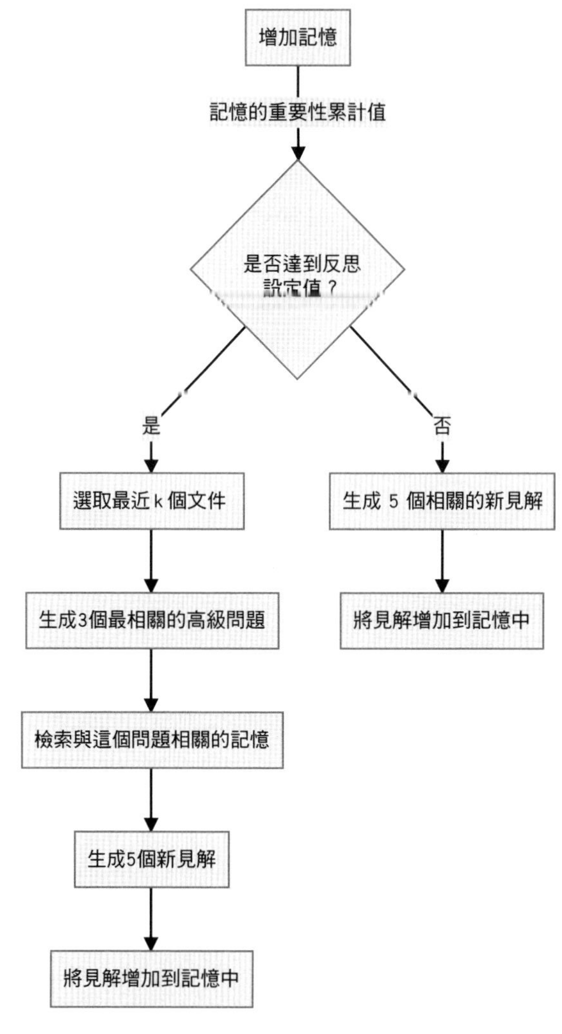

▲ 圖 7-2 代理生成反思記憶的過程

LangChain 記憶元件的話題到這裡就結束了，使用 LangChain 建構大模型應用還剩下最後一塊拼圖，即回呼機制，這個元件提供了足夠的靈活性，方便進行應用日誌記錄、即時監控以及事件提醒等操作，下一章將詳細探討。

MEMO

第8章 回呼機制

在程式設計中，回呼（callback）是一種常見的設計模式，它允許將一個函式（稱為回呼函式）作為參數傳遞給另一個函式或方法。在後者執行的過程中，可以在特定的點呼叫這個回呼函式。這種機制使得程式能夠在事件發生時執行特定的程式，而不需要在事件發生時立即處理。LangChain 也採用了類似的回呼機制，以靈活地回應各種事件。舉例來說，在處理使用者意圖辨識任務時，如果系統辨識到特定類型的輸入，就可以觸發一個回呼來進行特定的處理；在資料前置處理或轉換過程中，可以利用回呼來執行資料驗證。

LangChain 的回呼元件為開發者提供了在處理流程中插入自訂邏輯的能力，大大增強了系統的靈活性和可擴充性。使用者可以根據自己的需求，撰寫特定的回呼處理器來處理特殊情況或實現高度訂製化的功能。下面一起探索回呼處理器是如何工作的。

8.1 回呼處理器

回呼處理器是實現了 `CallbackHandler` 介面的物件，這個介面為訂閱的每個事件提供了一個方法，當事件被觸發時，`CallbackHandler` 會呼叫處理器上的相應方法。舉例來說，當 LLM 開始執行時期，會呼叫 `on_llm_start` 方法；當 LLM 結束執行時期，會呼叫 `on_llm_end` 方法。

在 LangChain 中，`BaseCallbackHandler` 是一個基礎回呼處理器，它結合了多個 Mixin 類別來處理來自 LangChain 的各種回呼，如表 8-1 所示。

各個 Mixin 類別的介面提供了一種靈活的方式來回應和處理 LangChain 在不同階段的事件和狀態變化，使得開發者可以更進一步地控制和監視應用的行為。

各個 Mixin 類別的基本介面及其作用如表 8-2 所示。

▼ 表 8-1 不同 Mixin 類別的說明

Mixin 類別	描述
LLMManagerMixin	用於處理與大模型相關的回呼事件
ChainManagerMixin	用於處理與鏈相關的回呼事件
ToolManagerMixin	用於處理與工具相關的回呼事件
RetrieverManagerMixin	用於處理與檢索器相關的回呼事件
CallbackManagerMixin	用於管理回呼事件的通用介面

RunManagerMixin	用於處理執行管理相關的回呼事件

▼ 表 8-2 各個 Mixin 類別及其基本介面

Mixin 類	方法	描述
LLMManagerMixin	on_llm_new_token	當 LLM 生成新的 token 時觸發
	on_llm_end	當 LLM 結束執行時期觸發
	on_llm_error	當 LLM 執行出錯時觸發
ChainManagerMixin	on_chain_end	當鏈結束執行時期觸發
	on_chain_error	當鏈執行出錯時觸發
ToolManagerMixin	on_tool_end	當工具結束執行時期觸發
	on_tool_error	當工具執行出錯時觸發
RetrieverManagerMixin	on_retriever_end	當檢索器結束執行時期觸發
	on_retriever_error	當檢索器執行出錯時觸發
CallbackManagerMixin	on_llm_start	當 LLM 開始執行時期觸發
	on_chat_model_start	當聊天模型開始執行時期觸發
	on_retriever_start	當檢索器開始執行時期觸發
	on_chain_start	當鏈開始執行時期觸發
	on_tool_start	當工具開始執行時期觸發
RunManagerMixin	on_text	當處理任意文字時觸發
	on_retry	當發生重試事件時觸發
	on_agent_action	當代理執行動作時觸發
	on_agent_finish	當代理結束執行時期觸發

`AsyncCallbackHandler` 繼承自 `BaseCallbackHandler` 並實現了非同步回呼處理的功能，它繼承了所有的基礎回呼處理功能，並在此基礎上增加了非同步處理能力。

AsyncCallbackHandler 能夠在不阻塞主執行緒的情況下處理回呼，在複雜的應用場景中，特別是涉及並行處理和需要快速回應的場景，AsyncCallbackHandler 提供了一種有效的方式來解決這些需求。

8.2 使用回呼的兩種方式

在 LangChain 中，使用回呼機制主要有兩種方式。

8.2.1 建構元回呼

建構元回呼是在物件建構時定義的，僅適用於該物件上發出的所有呼叫。舉例來說，在 LLMChain

建構元中傳遞一個處理器，它將不會被附加到該鏈的模型上使用：

```
llm = ChatOpenAI(model="gpt-3.5-turbo",temperature=0)
prompt = PromptTemplate.from_template("給生產 {product} 的公司取一個名字")

class MyConstructorCallbackHandler(BaseCallbackHandler):
    def on_chain_start(self,serialized,prompts,**kwargs):
        print("建構元回呼：鏈開始執行")

    def on_chain_end(self,response,**kwargs):
        print("建構元回呼：鏈結束執行")

    def on_llm_start(self,serialized,prompts,**kwargs):
        print("請求回呼：模型開始執行")

    def on_llm_end(self,response,**kwargs):
        print("請求回呼：模型結束執行")

def constructor_test():
    handler = MyConstructorCallbackHandler()
    # 在建構元中使用回呼處理器
    chain = LLMChain(llm=llm,prompt=prompt,callbacks=[handler])
```

```
# 這次執行將使用建構元中定義的回呼
chain.run(" 杯子 ")
```

在這個例子中，無論何時呼叫 chain.run，MyConstructorCallback Handler 只會在 chain

相關的事件中觸發，所以輸出如下：

```
建構元回呼：鏈開始執行
建構元回呼：鏈結束執行
```

8.2.2 請求回呼

在 LangChain 中，一個請求可能觸發一系列的子請求。舉例來說，在 LLMChain 的 run 方法中使用請求回呼時，這個回呼不僅適用於外層的 LLMChain 呼叫，也適用於由此觸發的所有內部模型呼叫：

```
llm = ChatOpenAI(model="gpt-3.5-turbo",temperature=0)
prompt = PromptTemplate.from_template(" 給生產 {product} 的公司取一個名字 ")

class MyRequestCallbackHandler(BaseCallbackHandler):
    def on_chain_start(self,serialized,prompts,**kwargs):
        print(" 請求回呼：鏈開始執行 ")

def on_chain_end(self,response,**kwargs):
        print(" 請求回呼：鏈結束執行 ")

def on_llm_start(self,serialized,prompts,**kwargs):
        print(" 請求回呼：模型開始執行 ")

def on_llm_end(self,response,**kwargs):print(" 請求回呼：模型結束執行 ")

def request_test():
    handler = MyRequestCallbackHandler()
    # 初始化 LLMChain，不在建構元中傳遞回呼處理器
    chain = LLMChain(llm=llm,prompt=prompt)
```

```
# 在請求中使用回呼處理器
chain.run("杯子",callbacks=[handler])
```

在這個例子中，當呼叫 chain.run 時，MyRequestCallbackHandler 不僅在 LLMChain 開始和結束執行時期觸發，還在內部 OpenAI 模型開始和結束執行時期觸發，回呼處理器被用於整個請求鏈，包括所有由 LLMChain 觸發的子請求，所以輸出如下：

```
請求回呼：鏈開始執行
請求回呼：模型開始執行
請求回呼：模型結束執行
請求回呼：鏈結束執行
```

了解完回呼的呼叫方式，下一節著手實現自己的回呼功能。

8.3 實現可觀測性外掛程式

借助回呼機制，可以對 LLM 應用的執行時期資訊進行監控，同時記錄日誌，實現一個簡單的可觀測性外掛程式。

OpenTelemetry 是一個用於觀測分散式系統的開放原始碼專案，它提供了一套工具和 API 來收集和傳輸遙測資料（如度量、日誌和追蹤資訊），這些資料可以用於監控應用的性能和健康狀況，以及進行故障診斷。OpenTelemetry 支援多種程式語言和框架，並可以與各種監控工具整合，如 Grafana。下面基於 LangChain 的回呼介面實現監控，並按照 OpenTelemetry 協定標準擷取資料。

(1) 建立自訂回呼處理器：建立一個自訂的回呼處理器，用於在 LLM 呼叫、檢索器執行和工具執行過程中收集資料。

(2) 整合 OpenTelemetry：在自訂回呼處理器中整合 OpenTelemetry 的 API，以便在回呼方法中收集和發送遙測資料。

(3) 擷取指標：確定需要擷取的指標，如呼叫持續時間、成功 / 失敗次數、回應時間等。

下面是完整的範例程式：

```
# 設置 OpenTelemetry Tracer
trace.set_tracer_provider(TracerProvider(resource=Resource.create({SERVICE_NAME:
 "LangChainService" })))
tracer = trace.get_tracer(name)
otlp_exporter = OTLPSpanExporter()
trace.get_tracer_provider().add_span_processor(BatchSpanProcessor(otlp_exporter))

# 設置 OpenTelemetry Meter
meter_provider = MeterProvider(resource=Resource.create({SERVICE_NAME:
 "LangChainService" }))
meter = meter_provider.get_meter( "langchain_metrics" ,version=" 0.1" )
metric_reader = PeriodicExportingMetricReader(ConsoleMetricExporter())

# 建立度量
requests_counter = meter.create_counter(
    name=" requests" ,
    description=" Number of requests." ,
    unit=" 1" ,
)
requests_duration = meter.create_histogram(
name=" requests_duration" ,
description=" Duration of requests." ,
unit=" ms" ,
)

# 自訂回呼處理器
class MonitoringCallbackHandler(BaseCallbackHandler):
    def on_chain_start(self,serialized,prompts,**kwargs):
        self.llm_span = tracer.start_span( "Chain Call" )
        self.llm_start_time = time.time()
    def on_chain_end(self,response,**kwargs):
        self.llm_span.end()
        duration = (time.time()-self.llm_start_time)*1000# 轉換為毫秒
        requests_duration.record(duration,{"operation":"chain"})
        requests_counter.add(1,{"operation":"chain","status":"success"})
```

```python
    def on_llm_start(self,serialized,prompts,**kwargs):
        self.retriever_span = tracer.start_span("LLM Call")
        self.retriever_start_time = time.time()

    def on_llm_end(self,response,**kwargs):
        self.retriever_span.end()
        duration = (time.time()-self.retriever_start_time)*1000# 轉換為毫秒
        requests_duration.record(duration,{"operation":"llm"})
        requests_counter.add(1,{"operation":"llm","status":"success"})
```

然後在 OpenTelemetry Collector 觀察收集的執行時期資訊，如圖 8-1 所示。

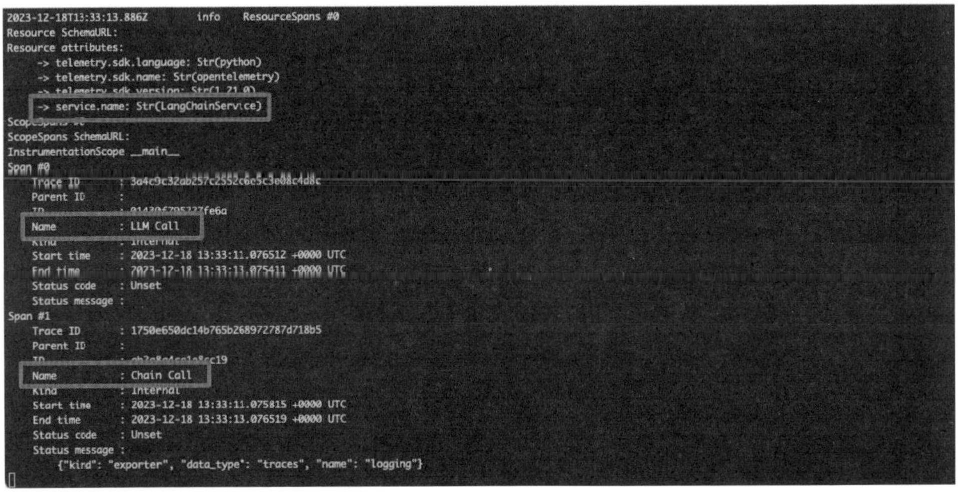

```
2023-12-18T13:33:13.886Z        info    ResourceSpans #0
Resource SchemaURL:
Resource attributes:
     -> telemetry.sdk.language: Str(python)
     -> telemetry.sdk.name: Str(opentelemetry)
     -> telemetry.sdk.version: Str(1.21.0)
     -> service.name: Str(LangChainService)
ScopeSpans #0
ScopeSpans SchemaURL:
InstrumentationScope __main__
Span #0
    Trace ID       : 3a4c9c32ab257c2552c6e5c3e08c4d8c
    Parent ID      :
    ID             : 01430f795727fe6a
    Name           : LLM Call
    Kind           : Internal
    Start time     : 2023-12-18 13:33:11.076512 +0000 UTC
    End time       : 2023-12-18 13:33:13.075411 +0000 UTC
    Status code    : Unset
    Status message :
Span #1
    Trace ID       : 1750e650dc14b765b268972787d718b5
    Parent ID      :
    ID             : ab2a8a4ca1a8cc19
    Name           : Chain Call
    Kind           : Internal
    Start time     : 2023-12-18 13:33:11.075815 +0000 UTC
    End time       : 2023-12-18 13:33:13.076519 +0000 UTC
    Status code    : Unset
    Status message :
        {"kind": "exporter", "data_type": "traces", "name": "logging"}
```

▲ 圖 8-1 LangChain 執行時期資訊擷取

這樣就可以很方便地重複使用團隊現有基礎設施元件，把 LangChain 應用監控起來。

LangChain 的回呼機制提供了一種靈活、高效的方式來建構和維護複雜的資料處理流程，尤其適用於需要高度自訂和追蹤使用者互動的 LLM 應用場景。

第 9 章

建構多模態機器人

在前面的章節中，我們深入探討了 LangChain 的核心概念。本章將帶領大家透過實際的編碼操作，逐步建構一個多模態智慧型機器人。在這個過程中，不僅充分利用 LangChain 的多個元件，還將展示這些元件是如何相互協作，共同實現強大的功能。

9.1 需求思考與設計

在軟體開發中，需求思考和分析是至關重要的前期步驟。正如古語所言：「凡事預則立，不預則廢」，這強調了事先規劃對於成功的重要性。在軟體工程領域，這一點尤為重要，因為只有透過深入的需求分析，才能確保最終產品不僅滿足使用者的需求和期望，而且能夠高效、可靠地執行。

9.1.1 需求分析

理想的多模態智慧型機器人應該具備類似於人類的感知能力，包括：聽（透過語音辨識技術理解使用者的語音指令）、說（將文字轉為語音，與使用者進行自然對話）、看（利用影像辨識技術解析視覺資訊）、畫（生成影像，如根據描述建立影像）。此外，這樣的機器人能夠辨識使用者的意圖，並選擇最合適的功能來回應。它還能處理檔案，根據內容與使用者交流，並提供日程管理、網路搜尋和任務規劃等實用功能，幫助使用者解決日常問題。最重要的是，機器人能夠在多輪對話中保持記憶，確保對話的連貫性和清晰性，避免隨著對話的深入而變得混亂。

9.1.2 應用設計

考慮到飛書、釘釘和企業微信等通訊工具需要企業資質認證才能申請特殊的 API 許可權，我們這裡選擇 Slack 作為應用平臺。

註：Slack 是一款辦公場景導向的通訊工具，主要用於團隊間的協作和溝通，其主要特點如下。

- **建立頻道**：建立不同的頻道，用於討論各種話題或專案。
- **私信與群聊**：支援私下對話和小組聊天。
- **第三方整合**：可以整合多種應用和服務，如 Trello、GitHub 等，方便在一個平臺上管理工作流。
- **自訂機器人**：支援使用者自訂機器人，用於自動化部分工作任務。

我們將利用 Slack 的自訂機器人功能，以其聊天視窗作為使用者介面，並使用 Flask 作為後端處理 Slack 事件。智慧型機器人的核心將採用 LangChain 的智慧代理元件進行封裝，這樣它就可以根據使用者的請求自動選擇不同的工具進行處理。此外，智慧型機器人還能獨立處理文件問答和文章推送等任務（如圖 9-1 所示）。

註：Flask 是一個用 Python 撰寫的輕量級 Web 應用框架，簡單好用，適合快速建構基本的 Web 應用。同時，它具備足夠的靈活性，支援複雜應用的開發。

▲ 圖 9-1 應用互動流程

Slack 事件和 Webhook 機制是應用中前後端通訊的關鍵組成部分，我們需要簡要了解它們的基本概念和用途。

1. Slack 事件

事件 API 允許應用接收特定事件的即時通知，比如某人發送訊息、加入頻道或做出反應等。要使用此功能，需要在 Slack 應用設置中訂閱特定事件。

工作流程

- **訂閱事件**：在 Slack 應用配置中指定需要監聽的事件。
- **設置事件接收伺服器**：當事件發生時，Slack 會向指定的 URL 發送 HTTP POST 請求。
- **驗證請求**：透過簽名驗證機制確保請求的安全性。
- **處理事件**：在伺服器上接收事件並做出回應。

2. Webhook 機制

- **入站 Webhook**：允許外部來源透過 HTTP POST 請求向指定的 Slack 頻道或使用者發送訊息。
- **出站 Webhook**：當 Slack 中出現特定觸發詞或短語時，Slack 會向指定的 URL 發送資料，可用於觸發外部服務的動作。
- **設置 Webhook URL**：在 Slack 應用配置中獲取（入站）或設置（出站）Webhook URL。

下面我們快速在 Slack 上建立一個應用，並配置相應的功能。

9.1.3 Slack 應用配置

首先，存取 api.slack.com/apps，開始建立第一個 Slack 應用，如圖 9-2 所示。

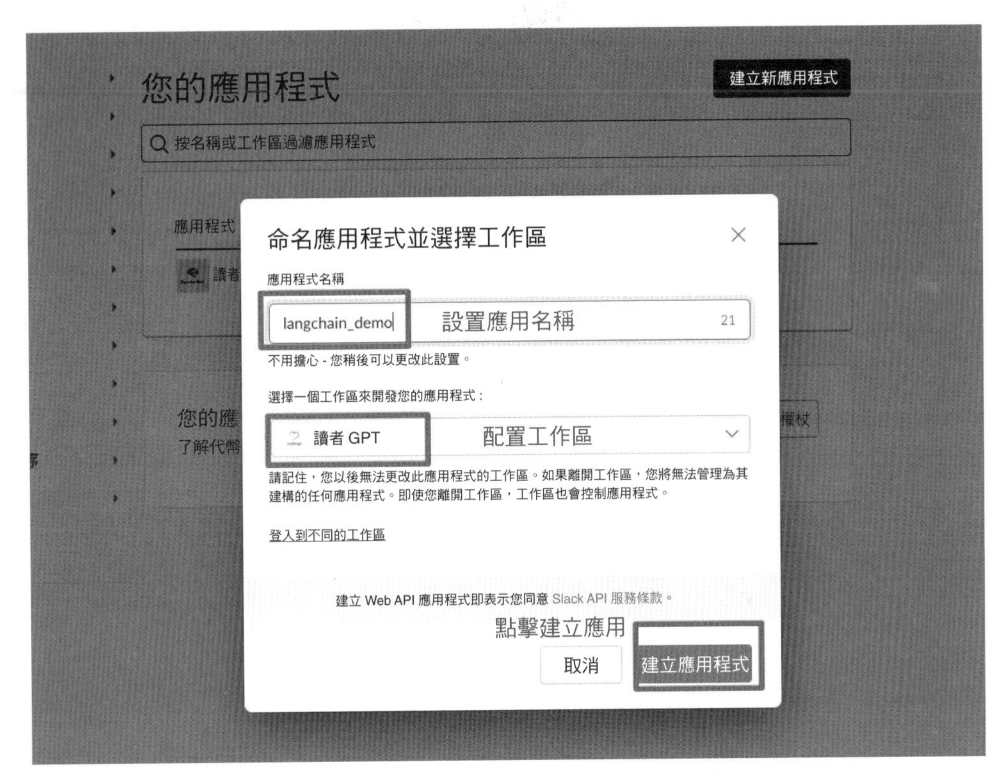

▲ 圖 9-2 建立應用

然後，設置應用名稱，選擇工作區（工作區可以視為一個獨立的溝通和協作空間，通常代表一個組織、公司或團隊），點擊「建立應用程式」即可，如圖 9-3 所示。

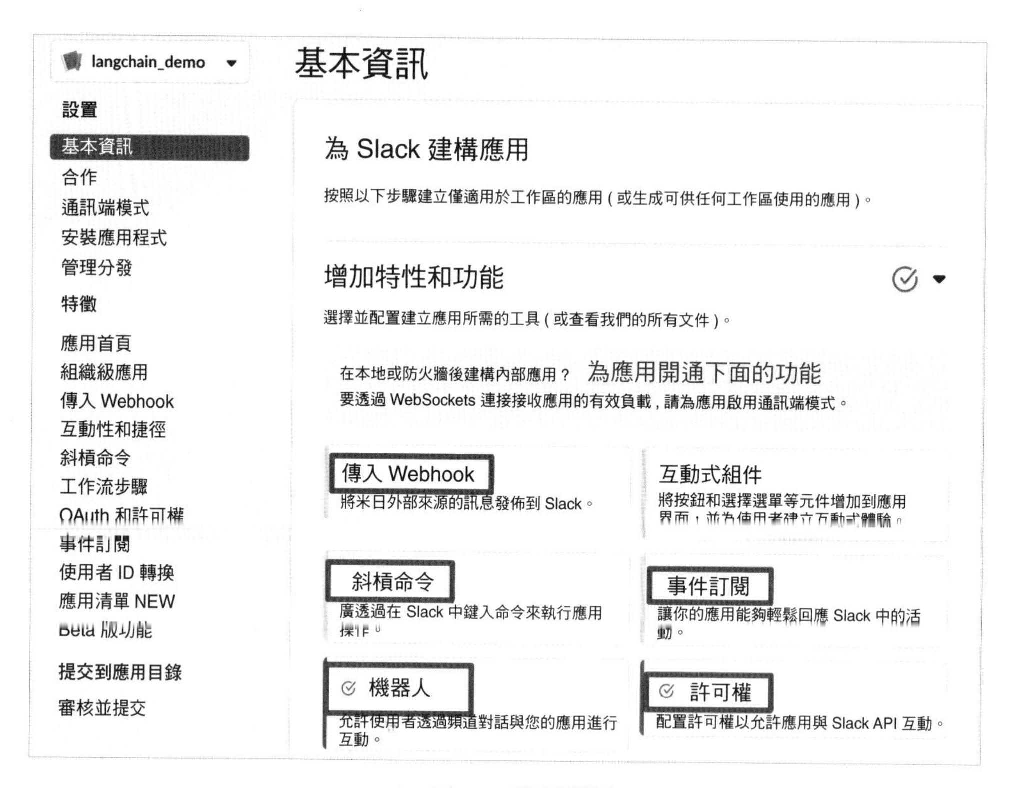

▲ 圖 9-3　應用配置

接下來，為應用開通一些必要的特性和功能（如圖 9-4 所示），這些在後面實現機器人的特定能力時會用到。

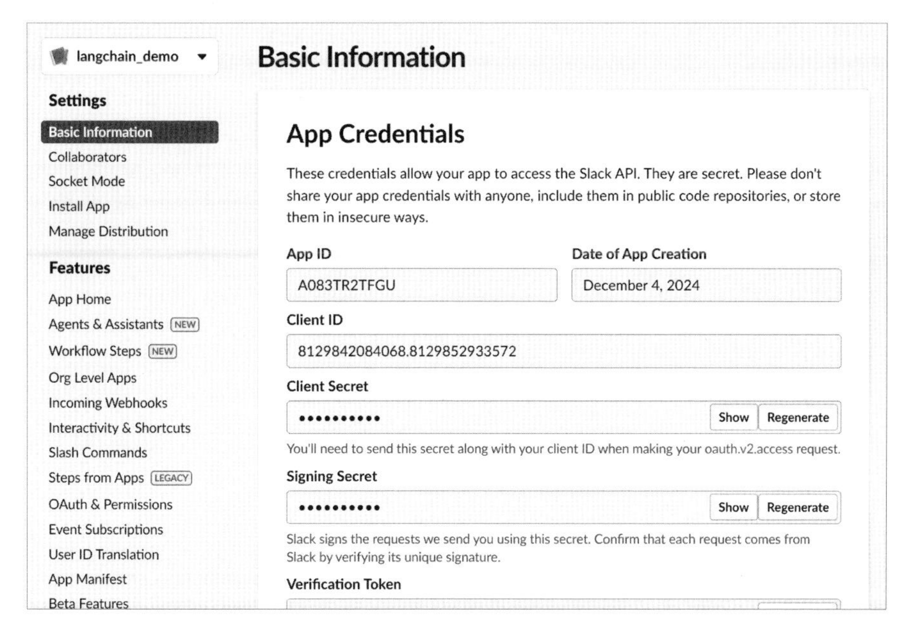

▲ 圖 9-4 增加特性和功能

重點是啟用事件訂閱，其中請求網址即回應 Slack 事件的後端服務 URL（如圖 9-5 所示），例如 https://{host}:5000/webhook/events，這裡的 host 指的是執行服務的伺服器地址。

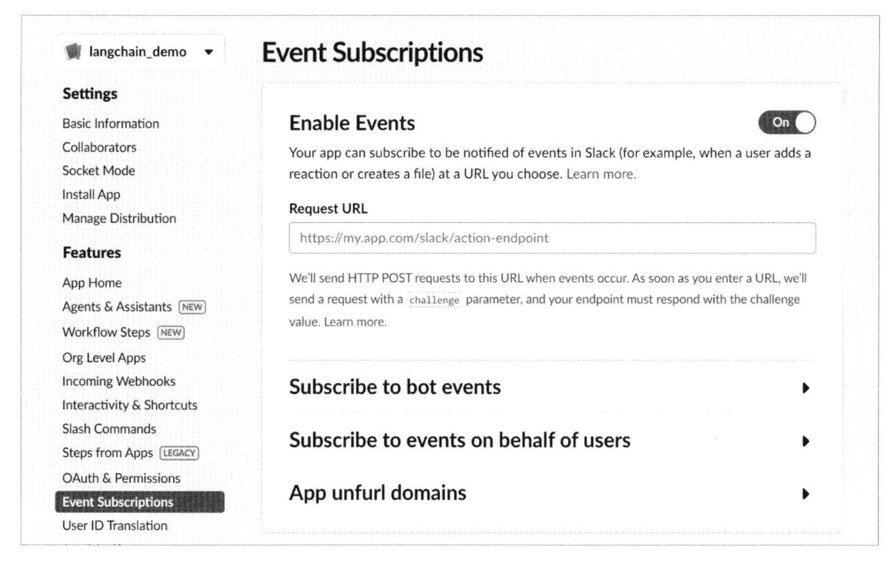

▲ 圖 9-5 啟用事件訂閱

最後，訂閱機器人事件，允許 Slack 機器人監聽並響應特定的事件或活動，如圖 9-6 所示。

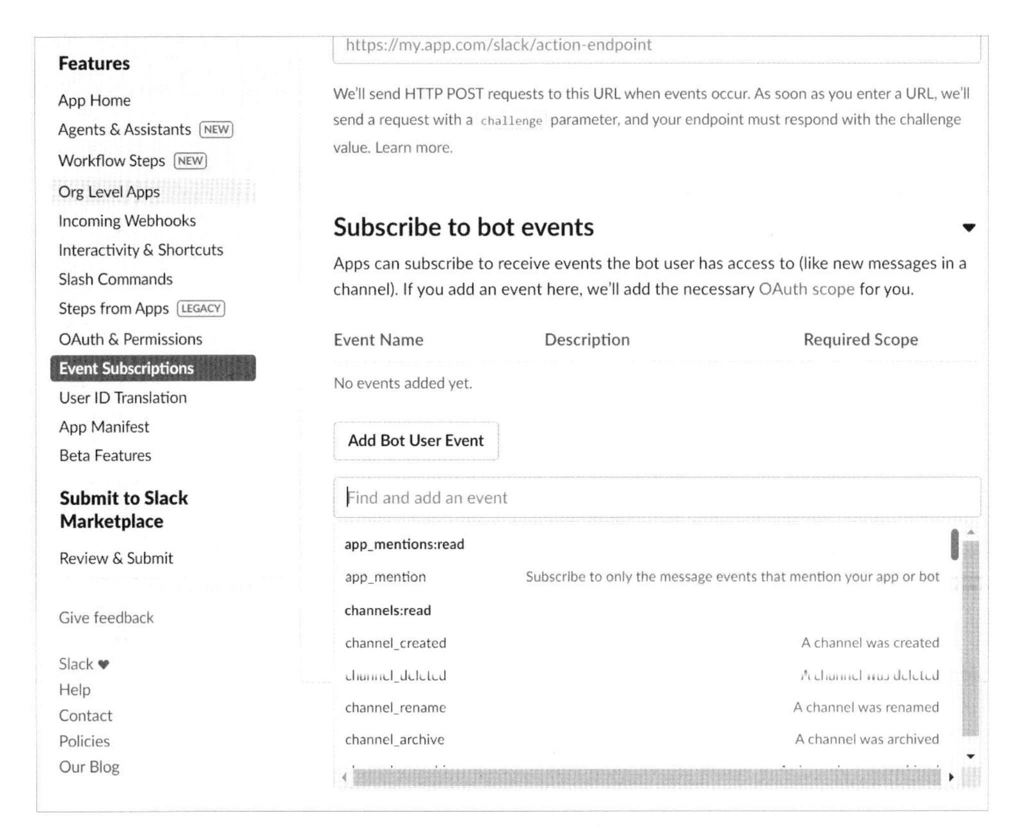

▲ 圖 9-6 訂閱機器人事件

還有兩個關鍵步驟：一是獲取工作區 OAuth 權杖 SLACK_TOKEN（如圖 9-7 所示），用於授權我們的應用存取特定 Slack 工作區的資料和功能；二是獲取應用的簽名金鑰 SLACK_SIGNING_SECRET（如圖 9-8 所示），用於驗證 Slack 發出的請求的真實性，以防中間人攻擊。

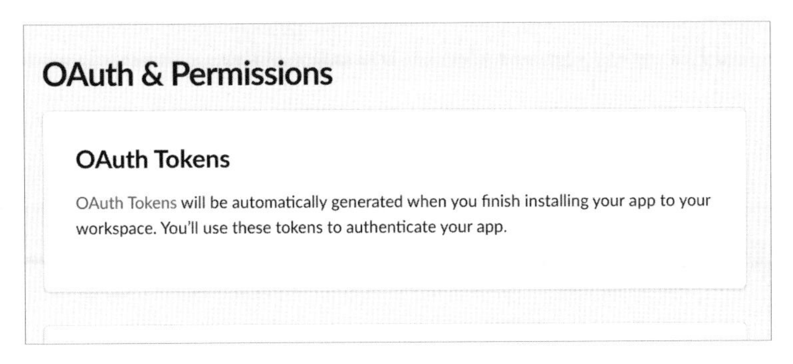

▲ 圖 9-7 儲存工作區 OAuth 權杖

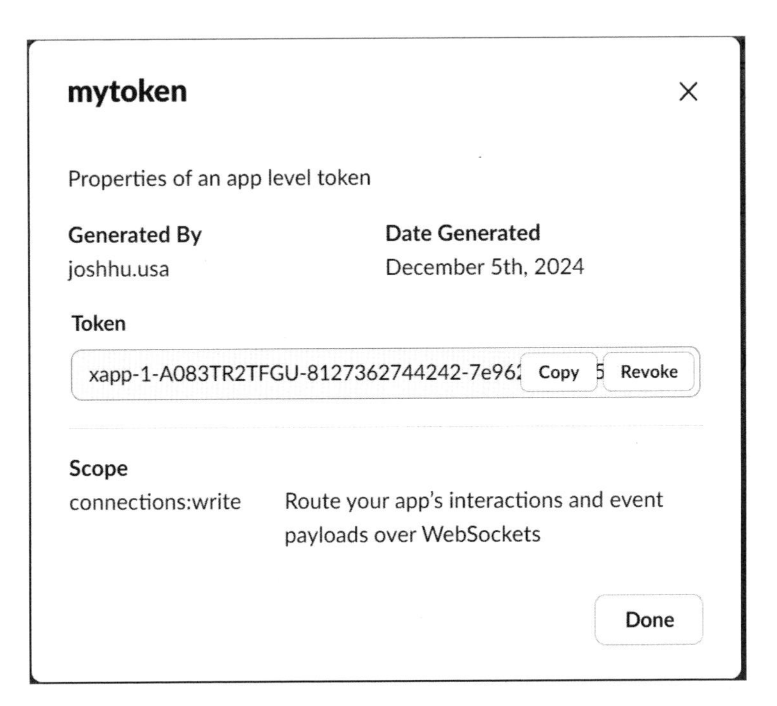

▲ 圖 9-8 儲存應用簽名金鑰

完成上述配置後，我們的 Slack 應用就準備就緒了。接下來，我們將進入編碼實踐階段。

9.2 利用 LangChain 開發應用

本節將深入講解如何利用 LangChain 實現前文提及的應用功能。

9.2.1 建構 Slack 事件介面

使用 Flask 和 Slack Bolt 函式庫建構一個能夠響應 Slack 事件的後端介面。透過 SlackRequestHandler 轉換 Slack 的請求，使其適應 Flask 的處理模式，並建立一個 App 實例來配置 OAuth 權杖和簽名金鑰。此外，我們還將設置特定事件的處理邏輯和錯誤處理邏輯。

```
def main():
    app = Flask(name)# 初始化 Flask 應用實例

    slack_app = init_slack_app()# 初始化 Slack 應用

    slack_handler = SlackRequestHandler(slack_app)# 建立 Slack 請求處理器

    @app.route("/webhook/events",methods=["POST"])# 設置路由以處理 Slack 事件
    def slack_events():
        return slack_handler.handle(request)# 用 Slack 請求處理器處理請求

def init_slack_app()-> App:
    """ 初始化並配置 Slack 機器人應用 """
    # 建立 App 實例，配置 token 和 signing_secret slack_app = App(
        token=os.environ.get("SLACK_TOKEN"),#Slack 的 OAuth 權杖
        signing_secret=os.environ.get("SLACK_SIGNING_SECRET"),#Slack 的簽名金鑰
        raise_error_for_unhandled_request=True# 對未處理的請求拋出異常
    )
    # 設置錯誤處理邏輯
    @slack_app.error
    def handle_errors(error):
        if isinstance(error,BoltUnhandledRequestError):# 處理未處理的請求錯誤
            return BoltResponse(status=200,body="")
        else:
            return BoltResponse(status=500,body=" 出現錯誤！ ")# 其他錯誤處理
```

```
    slack_api_handler = SlackAPIHandler(slack_app.client)# 建立 Slack API 事件處理器

    # 設置訊息事件處理邏輯
    @slack_app.event("message")
    def handle_message(event,say,logger):
        slack_api_handler.process_event(event,say,logger)# 處理接收到的訊息事件

return slack_app# 傳回配置好的 Slack 應用實例
```

至此，我們的機器人已具備與 Slack 通訊的能力。

9.2.2 訊息處理框架

下面詳細探討 Slack 訊息的處理邏輯，主要包括訊息上下文管理、檔案上傳處理、檔案下載以及對話處理等關鍵部分。

1. 訊息上下文管理

首先，我們定義了一個 SlackContext 類別來儲存處理訊息時所需的上下文資訊，如事件資料、使用者資訊和執行緒時間戳記：

```
class SlackContext:
    def  init(self,event:dict,say,user:str,thread_ts:str):
        self.event = event
        self.say = say self.user = user
        self.thread_ts = thread_ts
```

2. SlackAPIHandler 類別

SlackAPIHandler 類別作為程式的核心，初始化時接收 Slack 應用實例並設置基本屬性。它將執行檔案類型檢查、檔案大小限制等功能：

```
class SlackAPIHandler:
   def  init(self,slack_app):
      self.client = slack_app.client
```

```
        self.voice_extension_allowed = [ 'm4a' , 'webm' , 'mp3' , 'wav' ]
        self.max_file_size = 1*1024*1024# 檔案大小限制
        #... 其他程式 ...
```

3. 事件處理

process_event 方法作為處理 Slack 訊息事件的入口。它建立 SlackContext 實例來儲存訊息上下文，並處理檔案上傳及對話：

```
def process_event(self,event:dict,say,logger)-> None:
    user = event["user"]
    thread_ts = event["ts"]
    context = SlackContext(event,say,user,thread_ts)
    self.handle_file_upload(context)# 處理檔案上傳
    print(f" 收到的訊息：{event['text']}")
    #... 處理檔案上傳和上下文建立
```

4. 檔案上傳處理

在 handle file upload 方法中檢查檔案類型和大小，確保它們符合預設的標準：

```
def handle_file_upload(self,context:SlackContext)-> Tuple[Optional[str],Optional[str]]:
    file = context.event['files'][0]
    filetype = file["filetype"]
    say = context.say
    user = context.user
    thread_ts = context.thread_ts

    if filetype!= "pdf":
        say(f"<@{user}>, 當前只支持 PDF 檔案格式 ",thread_ts=thread_ts)

    if file["size"]> self.max_file_size:
        say(f"<@{user}>, 檔案大小超出限制 ({self.max_file_size/1024/1024}MB)",
            thread_ts=thread_ts)
```

5. 檔案下載

download_file 方法用於下載檔案並儲存至伺服器。我們使用 generate_md5_name 方法根據檔案內容生成唯一的 MD5 名稱，避免重複下載：

```
def download_file(self,file:dict,user:str)-> Optional[str]:
    url_private = file["url_private"]
    temp_file_path = index_cache_dir/user
    temp_file_path.mkdir(parents=True,exist_ok=True)
    temp_file_filename = temp_file_path/file["name"]
    # 執行下載
    with open(temp_file_filename,"wb")as f:
          response = requests.get(url_private,
                                  headers={"Authorization":"Bearer"+ self.client.token})
          f.write(response.content)
        # 生成 MD5 名稱
        filetype = file["filetype"]
        file_md5_name = self.generate_md5_name(temp_file_filename,filetype)
        return file_md5_name
```

6. 對話處理

在 process_conversation 方法中，我們將直接呼叫代理引擎介面，根據代理的回應決定是否附加圖片或語音訊息：

```
def process_conversation(self,context:SlackContext,dialog_text:Optional[str])-> None:
    response,file_path = langchain_agent(context.user,dialog_text)
    if response:
        context.say(f"<@{context.user}>,{response}",thread_ts=context.thread_ts)
    if file_path:
        self.client.files_upload_v2(file=file_path,channel=context.event["channel"],
                                    thread_ts=context.thread_ts)
```

透過以上步驟，我們架設好了一個能處理 Slack 訊息並進行基本對話的機器人框架。接下來的核心任務是實現多模態代理。

9.2.3 實現多模態代理

對話機器人需要能夠處理各種常見的訊息類型，如文字、語音、圖片等。本節將重點介紹多模態代理的實現。

- **文字訊息**：直接利用 LangChain 封裝的聊天模型來生成回應。
- **語音訊息**：首先將語音轉為文字，然後根據需求決定是否需要用語音回覆，若需要則呼叫語音生成工具。
- **圖片訊息**：辨識使用者意圖，根據需要決定是否生成相應的圖片，若需要則呼叫圖片生成工具。
- **檔案訊息**：使用 RAG 技術對 PDF 檔案進行前置處理，根據使用者意圖自動檢索相關內容並回答。

此外，代理還提供聯網搜尋功能，以應對超出模型知識範圍的使用者問題。

1. 代理宣告

代理執行器的核心職責是解析使用者輸入，呼叫適當的工具並生成合適的回應。我們首先定義幾個輔助工具：搜尋工具、影像生成工具和語音生成工具。聊天模型選用 OpenAI 的 GPT-3.5 Turbo，並將溫度參數設置為 0，以獲得更準確的回答：

```
llm = ChatOpenAI(model="gpt-3.5-turbo",temperature=0)
tools = [SearchTool(),GenerateImageTool(),GenerateVoiceTool()]
```

接著，設定對話範本，定義代理在對話中的行為模式：

```
prefix = " 請與人類進行對話，並盡可能地回答問題。你可以使用以下工具："
suffix = " 開始！ \n{chat_history}\n 問題：{input}\n{agent_scratchpad}"
prompt = ZeroShotAgent.create_prompt(
    tools,
```

```
    prefix=prefix,
    suffix=suffix,
    input_variables=["input","chat_history","agent_scratchpad"],
)
```

在此範本中，prefix 和 suffix 定義了代理的對話起始和結束部分，特別是 {chat_history} 的位置，表明代理會考慮之前的對話以生成回答。

有了模型和範本後，我們建立 LLMChain 並基於此建構代理：

```
llm_chain = LLMChain(llm=llm,prompt=prompt)
agent = ZeroShotAgent(llm_chain=llm_chain,tools=tools,verbose=True)
```

2. 代理執行器

我們建立一個代理執行器來處理使用者的查詢。這個執行器能夠存取使用者的歷史訊息，並根據當前對話上下文生成回應：

```
def langchain_agent(user,query):
    message_history = FileChatMessageHistory(file_cache_dir/user)
    memory = ConversationBufferMemory(memory_key="chat_history",chat_memory=message_history)
        agent_chain = AgentExecutor.from_agent_and_tools(
agent=agent,tools=tools,verbose=True,memory=memory
    )
    return agent_chain.run(query)
```

3. LangChain 工具類別

下面定義幾個 LangChain 工具類別，它們是執行特定任務的基礎，每個類別都具有特定的輸入和輸出，以及執行特定任務的能力。

生成影像工具：用於根據描述生成影像的工具。

```
# 工具描述
DESCRIPTION = """
當需要生成影像時使用。
輸入：描述影像的詳細提示詞
```

```
輸出：生成的影像檔路徑
"""
class GenerateImageTool(BaseTool):
    name = "GenerateImage"
    description = DESCRIPTION
    def_run(self,description:str)-> Path:
        # 影像生成邏輯
```

搜尋工具：用於執行搜尋查詢的工具，特別是當使用者提出關於最近的新聞的問題時使用。

```
# 工具描述
DESCRIPTION = """
用於回答有關最近的新聞的問題，僅在使用者明確請求時使用。輸入：查詢內容
輸出：搜尋結果
"""
class SearchTool(BaseTool):
    name = "Search"
    description = DESCRIPTION
    def_run(self,query:str)-> str:
        # 搜尋邏輯
```

生成語音工具：用於根據文字生成語音的工具。

```
DESCRIPTION = """
用於根據文字生成語音，僅在使用者明確請求語音輸出時使用輸入：文字內容
輸出：生成的語音檔案路徑
"""
class GenerateVoiceTool(BaseTool):
    name = "GenerateVoice"
    description = DESCRIPTION
    def_run(self,text:str)-> Path
        :# 語音生成邏輯
```

這裡文字轉語音借助 SSML 效果更好。SSML 是一種基於 XML 的語音合成標記語言，與純文字的合成相比，它能夠極大地豐富合成內容，使最終的合成效果更具多樣性。SSML 的功能不僅限於控制語音合成的內容，它還能精細調控

朗讀方式，包括但不限於斷句、發音、語速、停頓、語調、音量等多種語音特性，甚至允許增加背景音樂，從而實現更為生動、多維的語音輸出效果。

```
def convert_to_ssml(self,text:str,voice_name:Optional[str]= None)-> str:
    # 檢測文字的語言
    lang_code = self.detect_language(text)
    # 如果沒有指定語音名稱，則根據語言程式隨機選擇一個聲音
    #lang_code_voice_map 是一個字典，將語言程式映射到相應的語音名稱串列
    voice_name = voice_name or random.choice(
        lang_code_voice_map.get(lang_code,lang_code_voice_map['zh']))
    # 建構 SSML 的基本結構，設置版本和命名空間，指定語言程式
    ssml = f'<speak version="1.0"xmlns="http://www.w3.org/2001/10/synthesis"xml:lang="zh-
CN">'
    # 在 SSML 中加入 voice 標籤，設置語音名稱並嵌入待轉換的文字
    ssml += f'<voice name="{voice_name}">{text}</voice>'
    # 結束 speak 標籤
    ssml += '</speak>'
    # 傳回建構的 SSML 字串
    return ssml
```

小結

代理首先檢查訊息歷史以獲取對話的上下文，然後評估使用者的請求，並決定使用哪些工具來生成回應。舉例來說，使用者請求生成影像，代理會呼叫影像生成工具；使用者想了解最近的新聞，代理可能會利用搜尋工具。透過綜合考慮使用者的歷史互動和當前的具體需求，智慧代理能夠生成更加個性化、符合使用者意圖的回答。

9.3 應用監控和調優

儘管開發大模型應用充滿挑戰，但開發階段的完成只是專案的開始。我們即將進入一個關鍵階段——上線監控和調優。在這個階段，我們的目標是不斷提升模型的回答品質，最佳化應用的輸出效果。這是一個長期且持續的過程，

需要不斷地進行調整和最佳化，以確保應用能夠持續滿足使用者需求並保持最佳性能。

9.3.1 應用監控

在生產環境中部署 LangChain 應用時，一系列的偵錯工具和平臺能夠幫助我們有效地辨識和解決問題，確保應用的穩定執行。首先，可以使用具備追蹤功能的平臺，如 LangSmith 和 WandB，這些平臺專為生產等級的大模型應用設計，能夠幫助我們更進一步地實施監控和最佳化性能。

其次，在原型設計階段，列印鏈執行的中間步驟對偵錯非常有幫助，可以透過啟用不同等級的日誌記錄來查看詳細資訊。舉例來說，透過 `set_debug(True)` 設置全域偵錯標識，可以讓 LangChain 的所有支援元件（如鏈、模型、代理、工具、檢索器）列印它們接收的完整原始輸入和輸出；而使用 `set_verbose(True)` 則可以以更易讀的格式列印輸入和輸出。最後，利用回呼進行偵錯也是一種有效的方法，回呼可以用於執行元件主邏輯之外的任何功能。借助 LangChain 提供的與偵錯相關的回呼元件（如 `FileCallbackHandler`），甚至可以實現自訂的回呼元件來執行特定的功能。

這些工具和平臺共同為 LangChain 應用的穩定執行提供了強有力的支援。

9.3.2 模型效果評估

模型效果評估是指系統地檢查和分析語言模型的輸出或行為，以確定其性能水準。這通常包括考量準確性、一致性、可靠性和回應時間等方面。在更複雜的應用場景中，例如使用 LangChain 建構的智慧代理，評估過程還可能涉及對整個決策過程或行為軌跡的分析，以確保它們符合預期目標。

對於大模型的評估，主要包括幾個步驟：首先，建立一組包含問題和標準答案的相關問答測試集；其次，讓大模型回答測試集中的所有問題，並收集它舉出的所有答案；然後，將這些答案與問答測試集中的標準答案進行比對，並對大模型的表現進行評分。為了簡化這一過程，LangChain 提供了一種名為 `QAGenerateChain` 的方法，可以自動建立大量問答測試集，大大減少手動建立測試資料集的人力和時間成本。

此外，LangChain 還提供了多種評估器來幫助衡量大模型在不同資料上的性能和回答的完整性。其中包括字串評估器（string evaluator），它透過將大模型生成的輸出（預測）與參考字串或輸入進行比較來評估性能；軌跡評估器（trajectory evaluator），用於評估代理行為的整個決策軌跡；以及比較評估器（comparison evaluator），用於比較同一輸入在不同執行中的預測結果。

9.3.3 模型備選服務

當連線的大模型出現呼叫失敗時，僅重複使用相同的提示詞並不總是有效的。這時，可能需要採用不同的提示範本，發送經過改動的提示詞，這正是模型備選方案發揮作用的時候。

備選方案的設計旨在應對主模型無法正常執行的情況，比如 API 受限或系統當機，此時系統會自動切換到備選模型，以確保應用的連續執行和穩定性。LangChain 的容錯機制就允許開發者為可能出現的執行時錯誤或限制預裝置選方案，從而大幅提升應用的健壯性和可靠性。

9.3.4 模型內容安全

內容安全是確保大模型的輸出不含有害、誤導性或不符合人類價值觀的資訊的關鍵。為了提高大模型輸出的安全性，可以採取以下措施：首先，利用亞馬遜的 Comprehend 服務來檢測個人可辨識資訊（PII）和有害內容；其次，透過制定規則來引導模型的行為，確保其輸出與這些規則相符。此外，需要檢測並應對提示注入攻擊，以防止惡意輸入干擾模型輸出。還應檢查模型輸出中的邏輯錯誤並進行糾正。最後，對模型的輸出進行有害內容檢查，並做出相應標記。這些措施共同組成了一套全面的安全保護機制，確保大模型輸出的品質和安全性。

9.3.5 應用部署

在部署大模型應用時，有幾個關鍵方面需要特別注意。(1) 需要選擇合適的大模型服務，可以使用外部大模型服務提供者，也可以基於開放原始碼模型自建推理服務。(2) 監控是至關重要的，需要追蹤性能和品質指標，例如每秒查詢數、回應延遲、每秒生成的權杖數等。(3) 建構容錯性也很重要，可以透過增加容錯、實施故障恢復機制來降低風險。(4) 維持成本效率和可擴充性也是重要考慮，可以透過資源管理和自動擴充等策略來實現。(5) 確保快速迭代也很關鍵，避免侷限於特定框架的解決方案，而應尋求通用、可擴充的服務層，以適應不斷變化的需求。

儘管本章僅提供了一個簡單的 LangChain 實踐範例，但它涵蓋了大模型應用程式開發生態中的多個重要方面。這個領域正處於快速發展階段，充滿了探索和創新的潛力。

第 10 章 社區和資源

LangChain 框架在不斷改進，本書的內容有一天也會過時，所以本章集中整理了一些社區資源，便於讀者朋友持續關注 LangChain 的最新進展。

10.1 LangChain 社區介紹

我們的 LangChain 學習之旅已接近尾聲，接下來將進入 LLM 應用程式開發的廣闊天地。為了幫助大家繼續深入探索，本節將介紹 LangChain 社區相關的內容。

10.1.1 官方部落格

LangChain 官方部落格是學習的寶庫，其主要內容包括：

- LangChain 專案的最新動態，如版本更新和新特性介紹；
- LangChain 開發團隊發佈的高品質技術文章，涵蓋智慧代理設計、檢索增強生成等話題；
- 利用 LangChain 建構生產級 LLM 應用的案例分享。該部落格支持 RSS 和郵件訂閱，方便我們持續關注。

10.1.2 專案程式與文件

- Python 版 LangChain 的程式倉庫是使用最廣泛的。其官方文件提供了詳細的快速入門指南、案例介紹和核心模組講解。
- JavaScript 版本的 LangChain 也在積極發展，程式倉庫和文件也值得關注。
- 擅長 Java 語言的讀者可查看非官方專案 langchain4j。

10.1.3 社區貢獻

LangChain 社區歡迎各種形式的貢獻。

- **完善文件**：如果在學習過程中發現文件中的不清晰或不完整之處，可以協助完善。文件位於專案的 docs 目錄下，包括使用說明和程式文件。
- **回饋和修復問題**：使用中遇到的問題可以在 GitHub 問題討論區回饋。所有問題都按類型（auto 標籤）和模組（area 標籤）分類，如圖 10-1 所示，方便查詢和處理。

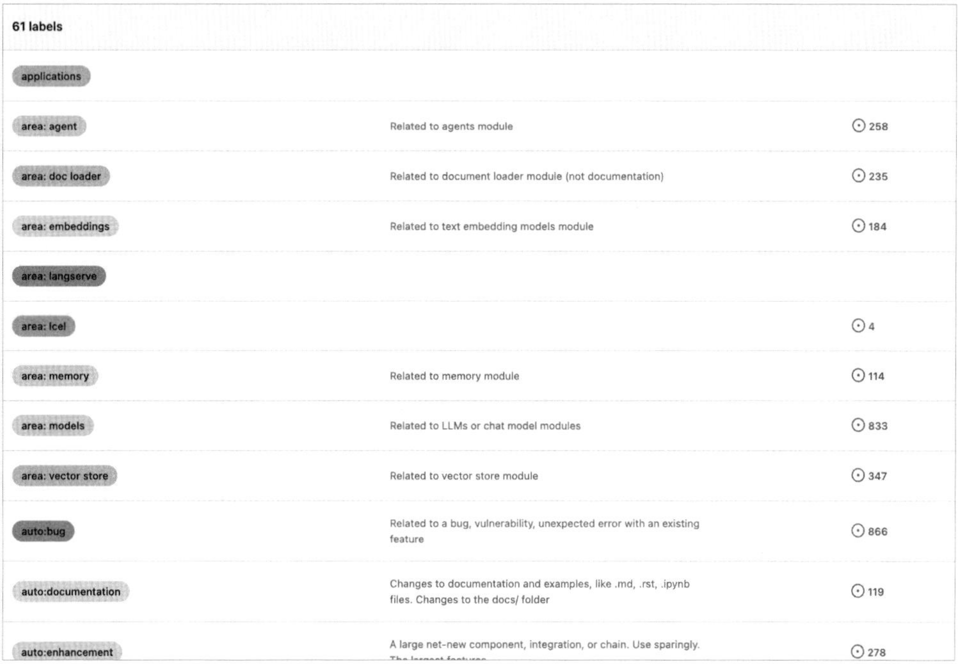

61 labels		
applications		
area: agent	Related to agents module	258
area: doc loader	Related to document loader module (not documentation)	235
area: embeddings	Related to text embedding models module	184
area: langserve		
area: lcel		4
area: memory	Related to memory module	114
area: models	Related to LLMs or chat model modules	833
area: vector store	Related to vector store module	347
auto:bug	Related to a bug, vulnerability, unexpected error with an existing feature	866
auto:documentation	Changes to documentation and examples, like .md, .rst, .ipynb files. Changes to the docs/ folder	119
auto:enhancement	A large net-new component, integration, or chain. Use sparingly.	278

▲ 圖 10-1 LangChain 問題分類標籤

- **貢獻程式**：LangChain 是一個開放原始碼專案，鼓勵開發者貢獻程式。詳細的貢獻流程和規範可以在 LangChain 官方文件中找到。
- **貢獻整合**：LangChain 支援透過第三方整合擴充功能。可在 LangChain 整合中心查看現有整合，如圖 10-2 所示，並透過貢獻自己的整合來擴充 LangChain 的功能。

- **報告安全性漏洞**：發現安全性漏洞時，可以發送郵件至 security@langchain.dev 進行報告。

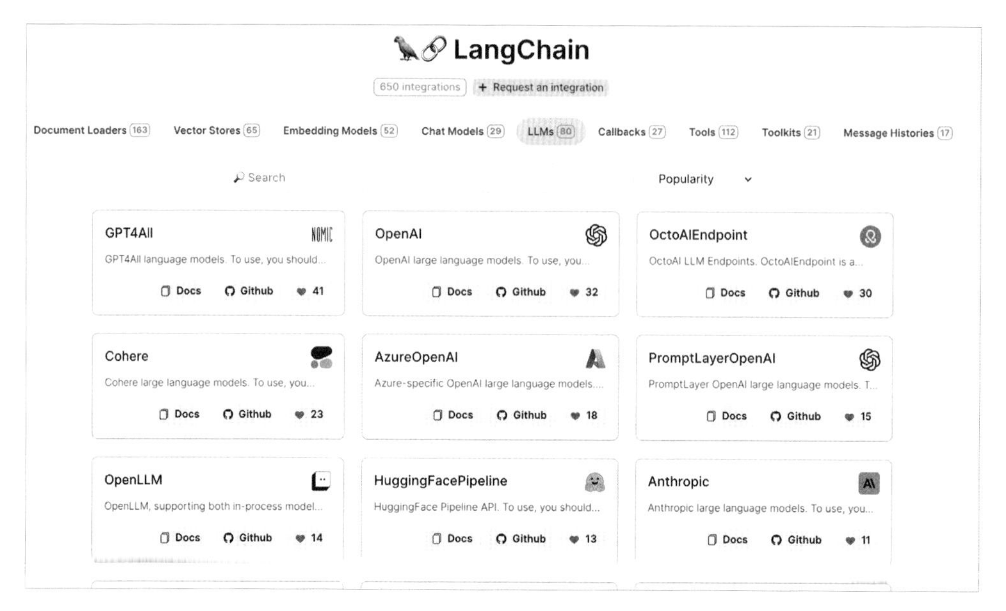

▲ 圖 10-2　LangChain 第三方整合

10.1.4 參與社區活動

LangChain 提供了豐富的社區活動和參與機會。

- 參加線上會議、活動和駭客馬拉松。詳情可查看 LangChain 的全球活動日曆。

- 推廣個人作品和專案。可以向 LangChain 官方提交有趣的作品和專案，分享經驗和成果。

以上資源和活動為大家在 LLM 應用程式開發領域的深入學習提供了良好的起點。

10.2 資源和工具推薦

在探索 LangChain 應用程式開發時，除了 LangChain 核心知識外，還有一些額外的資源和工具可以幫助開發者更高效率地建構和最佳化應用。本節將介紹 LangChain 的範本、LangServe 以及 LangSmith。

10.2.1 範本

用途

LangChain 範本提供了一系列預先定義的框架和程式範例，使開發者能夠迅速啟動並實現複雜功能，而無須從零開始。這些範本覆蓋了多種用途和功能。

- 高級檢索：涵蓋了高級技術，適用於聊天和問答。舉例來說，文件重排、使用迭代提示詞進行檢索，以及使用 Neo4j 或 MongoDB 進行父文件檢索。
- 開放原始碼模型：使用開放原始碼模型，適合處理敏感性資料，如本地檢索增強生成和本地資料庫問答。
- 資料提取：用於從文字中按使用者指定的模式提取結構化資料，舉例來說，使用 OpenAI 函式從 Excel 試算表提取資訊。
- 摘要和標記：用於文件和文字的總結或分類，如使用 Anthropic 的 Claude 2 進行長文件摘要。
- 智慧代理：建構可執行操作的聊天機器人，以自動化任務。
- 安全評估：用於審查或評估 LLM 輸出，確保輸出的安全性和準確性。

更多範本細節可查看 LangChain 範本文件。

使用過程

以 rag-conversation 範本為例，它是 LangChain 提供的對話檢索範本之一，適用於大模型的流行應用場景。其核心功能是結合對話歷史和檢索到的文件，交由 LLM 進行綜合處理。這種方式使聊天機器人在回答問題時更加智慧且上下文相關，提供更準確和豐富的資訊。

安裝 LangChain CLI

```
pip install-U langchain-cli
```

引入範本

基於範本建立一個新專案：

```
langchain app new my-app--package rag-conversation
```

或將範本增加到現有專案中：

```
langchain app add rag-conversation
```

在 server.py 檔案中增加以下程式

```
from rag_conversation import chain as rag_conversation_chain
add_routes(app,rag_conversation_chain,path="/rag-conversation")
```

啟動應用實例

```
langchain serve
```

存取和使用範本

1. 存取 http://127.0.0.1:8000/rag-conversation/playground 進入 playground

2. 也可以透過程式存取範本：

```
from langserve.client import RemoteRunnable
runnable = RemoteRunnable("http://localhost:8000/rag-conversation")
```

透過以上步驟，你可以利用 `rag-conversation` 範本快速建構基於對話檢索的應用，讓你的聊天機器人更加智慧地處理和回應使用者的請求。

10.2.2 LangServe

其實我們在前面範本的例子中已經體驗過 LangServe 了。LangServe 是一個幫助開發者將 LangChain 的可執行物件（Runnable）和鏈部署為 RESTful API 的函式庫，它與 FastAPI（一個高性能、好用且現代的 Python Web 框架）整合，並使用 Pydantic（一個用於 Python 的資料驗證和解析函式庫）進行資料驗證。LangServe 還提供了一個使用者端，用於呼叫部署在伺服器上的可執行物件，對於 JavaScript 使用者，LangChainJS 也提供了使用者端。

用途

- **部署 LangChain 應用**：LangServe 使開發者能夠將 LangChain 應用作為 REST API 部署，從而簡化了應用的存取和整合。
- **自動化推斷輸入輸出模式**：自動從 LangChain 物件推斷輸入和輸出模式，並在每次 API 呼叫時強制執行，提供豐富的錯誤訊息。
- **API 文件和 Swagger 支持**：提供 API 文件頁面，支援 JSON Schema 和 Swagger。
- **高效的 API 呼叫**：支持直接呼叫（invoke）、批次處理（batch）和流式（stream）等多種方式的 API 呼叫，支援在單一伺服器上處理多個併發請求。

- **內建追蹤功能**：可選的追蹤功能，透過增加 API 金鑰即可實現。

使用過程

安裝

安裝 LangServe 使用者端和伺服器：

```
pip install"langserve[all]"
```

或分別安裝使用者端和伺服器：

```
pip install"langserve[client]"
pip install"langserve[server]"
```

使用 LangChain CLI 快速啟動專案

確保安裝了最新版本的 langchain-cli：

```
pip install-U langchain-cli
```

使用 CLI 建立新專案：

```
langchain app new langserve_demo
```

伺服器範例

下面是一個部署 OpenAI 聊天模型講特定主題的笑話的伺服器範例，在 langserve_demo/app/server.py 檔案中撰寫以下程式：

```
from fastapi import FastAPI
from langchain.prompts import ChatPromptTemplate
from langchain.chat_models import ChatOpenAI
from langserve import add_routes
```

```
app = FastAPI(
    title="LangServe",
    version="0.1",
    description="A simple api server by langsercer",
)

add_routes(app,ChatOpenAI(),path="/openai")

model = ChatOpenAI()
prompt = ChatPromptTemplate.from_template("講一個關於 {topic} 的笑話。")
add_routes(app,prompt | model,path="/joke")

if _name_ == "main":
    import uvicorn
    uvicorn.run(app,host="localhost",port=8000)
```

用戶端範例

使用 Python SDK 呼叫 LangServe 伺服器：

```
from langchain.schema import SystemMessage,HumanMessage
from langchain.prompts import ChatPromptTemplate
from langchain.schema.runnable import RunnableMap
from langserve import RemoteRunnable

openai = RemoteRunnable("http://localhost:8000/openai/")
joke_chain = RemoteRunnable("http://localhost:8000/joke/")
joke_chain.invoke({"topic":"股市"})
```

透過 LangServe，開發者可以將 LangChain 應用作為 API 服務部署，從而在各種開發環境中輕鬆存取和整合 LangChain 功能。

10.2.3 LangSmith

用途

LangSmith 是一個為 LLM 應用和代理提供偵錯、測試和監控功能的統一平臺，旨在幫助開發者在將 LLM 應用推向生產環境中時進行必要的訂製和迭代，以保證產品品質。LangSmith 在以下場景中特別有用。

- 快速偵錯新的鏈、代理或工具集。
- 視覺化元件（如鏈、LLM、檢索器等）之間的關係及其使用方式。
- 評估單一元件使用不同提示詞和大模型的效果。
- 在資料集上多次執行特定鏈，以確保其始終滿足品質標準。

使用過程

建立 LangSmith 帳戶並生成 API 金鑰

在 LangSmith 平臺建立帳戶並生成 API 金鑰（截至本書完稿時，LangSmith 還處於封閉測試階段，可以在註冊頁面進行申請）。

配置環境變數

設置 `LANGCHAIN_TRACING_V2` 環境變數為 `true`，以告知 LangChain 記錄追蹤資訊。

設置 `LANGCHAIN_PROJECT` 環境變數指定專案（如果未設置，記錄到預設專案）。

建立 LangSmith 用戶端

使用 LangSmith 的 Python 使用者端與 API 互動：

```
from langsmith import Client
client = Client()
```

建立並執行 LangChain 代理

建立一個 ReAct 風格的代理，配置數學計算工具（如 llm-math），並將執行結果記錄到 LangSmith 平臺：

```
inputs = ["1+1 等於幾？","3+3 等於幾？"]
# 建立代理
llm = ChatOpenAI(model="gpt-3.5-turbo",temperature=0)
tools = load_tools(["llm-math"],llm=llm)
agent = initialize_agent(tools,llm,agent=AgentType.ZERO_SHOT_REACT_DESCRIPTION,
                        handle_parsing_errors=True)
# 執行代理並記錄結果
results = agent.batch([{"input":x}for x in inputs],return_exceptions=True)
print(results)
```

查看代理執行資訊

```
# 列印代理執行資訊
project_name = f"runnable-agent-test-{unique_id}"
runs = client.list_runs(project_name=project_name)
for run in runs:
print(run)
```

也可以登入 LangSmith 平臺查看執行時間、延遲、權杖消耗等資訊，如圖 10-3 所示。

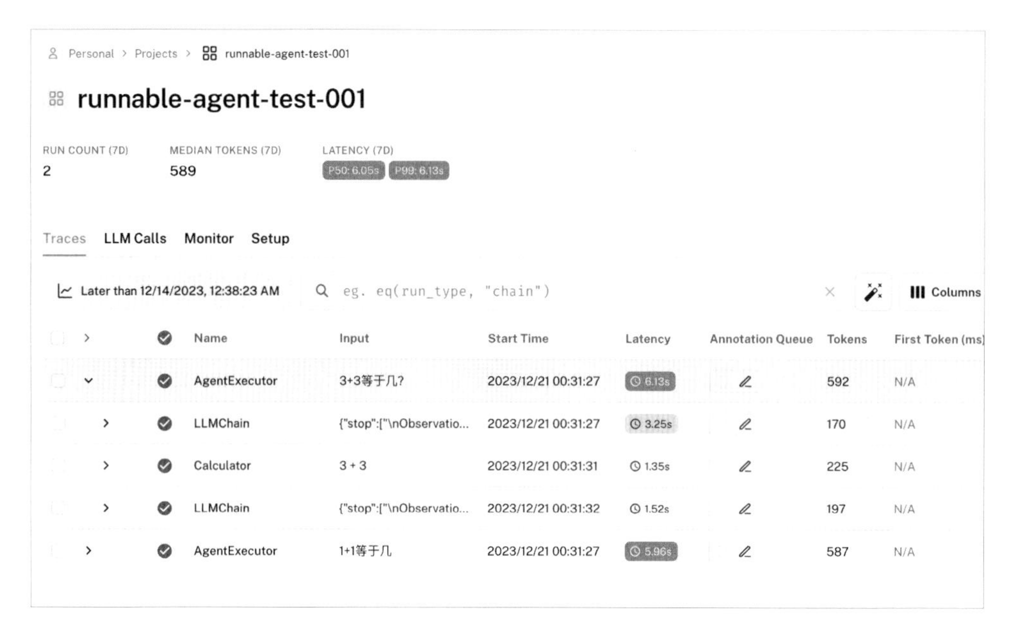

▲ 圖 10-3 LangSmith 平臺執行資訊

評估代理

使用 LangSmith 建立基準資料集，並執行 AI 輔助評估器對代理的輸出進行評估：

```
# 建立基準資料集
client = Client()
outputs = ["2","6"]
dataset_name = f"agent-qa-{unique_id}"
dataset = client.create_dataset(dataset_name,description="agent 測試資料集 ")

for query,answer in zip(inputs,outputs):
    client.create_example(inputs={"input":query},outputs={"output":answer},
                                        dataset_id=dataset.id)

# 使用 LangSmith 評估代理
evaluation_results = client.run_on_dataset(dataset_name,agent)
print(evaluation_results)
```

匯出資料集和執行結果

LangSmith 允許將資料匯出為常見格式（如 CSV 或 JSON），以便進一步分析，如圖 10-4

所示。

Personal > Datasets & Testing > agent-qa-001

agent-qa-001

+ New Test Run | Add Example | Export | Edit | Public

Tests | Examples

Created At	Modified At	Input	Output	Run Count
2023/12/21 00:31:35	2023/12/21 00:31:35	3+3等于几?	6	1
2023/12/21 00:31:35	2023/12/21 00:31:35	1+1等于几?	2	1

▲ 圖 10-4 LangSmith 匯出資料集入口

LangSmith 透過以上步驟來追蹤、評估並改進 LangChain 應用。

10.2.4 教學用例

在官方文件 docs/additional_resources/tutorials 頁面可以找到關於 LangChain 的基礎教學和進階課程。

在官方文件使用案例（docs/use_cases）頁面可以查看有關 LangChain 常見用例的實現細節。

10.3 LangChain 的未來展望

LangChain 已經發展為一個覆蓋大模型應用全生命週期的完整生態系統。在開發階段，開發者可以利用 LangChain 撰寫應用，並參考現有的範本快速驗證其效果。在部署階段，LangServe 工具可以將應用轉化為 API 服務，便於整合和擴充。而在生產階段，LangSmith 提供了應用檢查、偵錯和監控的功能，確保應用能夠持續迭代和最佳化。透過這樣的生態系統，LangChain 不僅簡化了大模型應用的開發流程，還提高了應用的可維護性和可靠性，為開發者提供了強大的支援。圖 10-5 展示了 LangChain 0.1 版本預發佈時，其背後公司描繪的整個生態系統的全景圖。

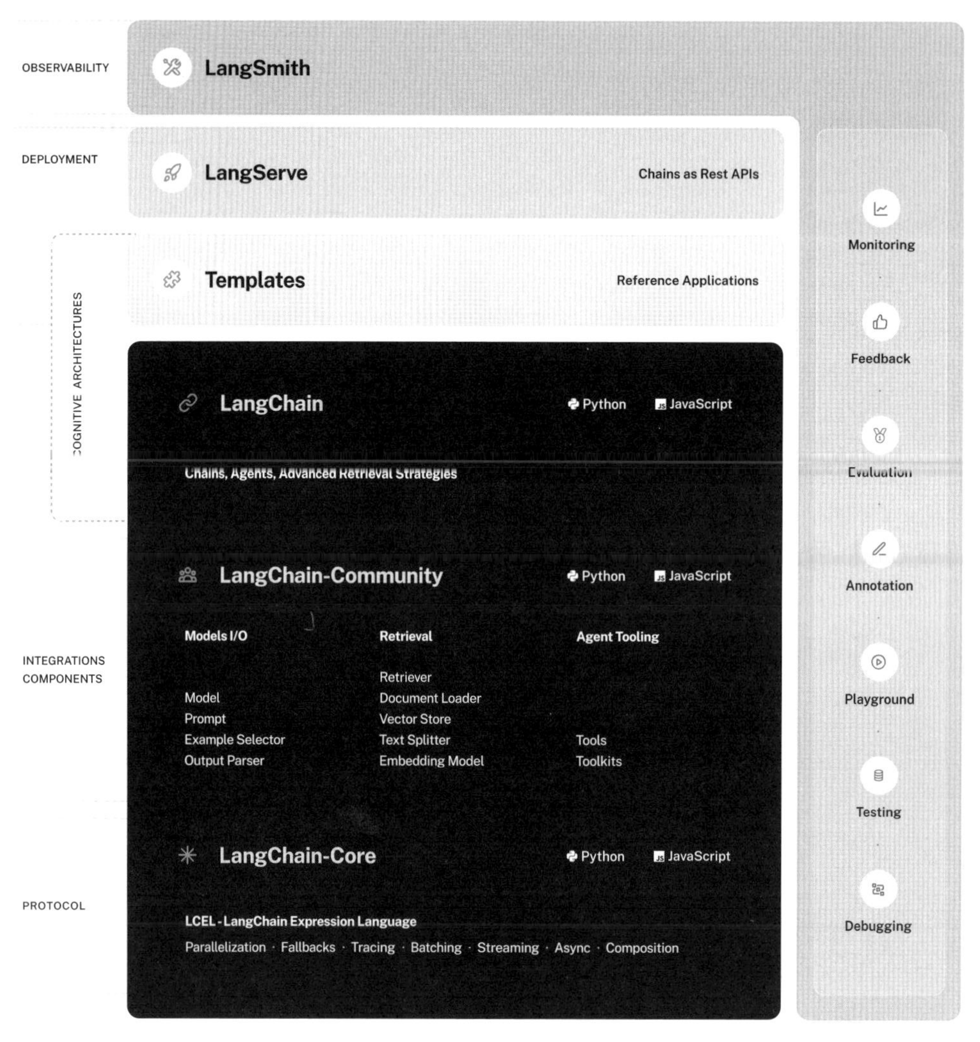

▲ 圖 10-5 LangChain 生態全景圖

10.3.1 生態系統概覽

LangChain 生態系統主要包括以下幾個方面。

- **LangChain**：包含用於特定用例的鏈、高級代理和檢索演算法，這些是建構應用的核心；建構大模型應用所需的萬用元件和其他通用編排部分；核心抽象和 LCEL。
- **LangChain 範本**：提供快速建構大模型應用的範本，它可以透過 LangServe 輕鬆部署。
- **LangServe**：為部署 LangChain 應用提供最佳方式，是一個自動為 LangChain 物件增加多個 API 的開放原始碼 Python 函式庫。
- **LangSmith**：作為大模型應用的控制中心，提供最佳偵錯體驗，並記錄鏈和代理執行的所有步驟。

10.3.2 變化與重構

LangChain 0.1 版本的主要變化是對套件的架構進行了重構，將原來的 LangChain 套件分成了三個獨立的套件，標誌著從單一 Python 套件向更模組化、可擴充框架的轉變，旨在改善開發者的使用體驗。

- **LangChain-Core**：包括簡單且模組化的核心抽象，如語言模型、文件載入器、嵌入模型、向量儲存、檢索器等，還有用於組合各元件的 LCEL，作為可執行物件與 LangSmith 無縫整合。
- **Langchain-Community**：包含所有第三方整合，未來還會將一些與 LangChain 本身耦合嚴重，但實際上屬於第三方整合的套件（比如 `langchain-openai`）都分離到這個獨立的套件中，後續開發的第三方整合也會納入這個模組。

- **LangChain**：包含鏈、代理、高級檢索方法以及組成應用認知架構的其他通用編排部分。

所有這些更改均支持向後相容，以幫助已有 LangChain 使用者平滑過渡。

10.3.3 發展計畫

LangChain 的未來發展計畫涵蓋以下幾個方面。

- **生態系統強化**：透過各種變化促進 LLM 應用生態系統的發展，鼓勵更多用例的探索和最佳化。
- **整合合作夥伴**：使合作夥伴能夠更全面地管理他們的整合及相關框架。
- **版本發佈計畫**：將主要整合分離到 `LangChain-Community` 獨立套件中。
- **跨語言相容性**：維持 Python 和 JavaScript 套件間的功能一致性。
- **實驗性工具與鏈**：langchain-experimental 將作為更多實驗性工具、鏈和代理的存放模組。

LangChain 0.1 版本的發佈代表了對框架的重大改進，這一更新旨在為開發者提供更穩定、可擴充且向後相容的 API。這些變化不僅提升了開發者的體驗，而且預示著 LangChain 生態系統的蓬勃發展。透過這些改進，LangChain 正不斷增強其作為開發平臺的能力，支援開發者更高效率地建構和部署基於大模型的創新應用。

MEMO

MEMO

深智數位
股份有限公司

深智數位
股份有限公司

深智數位
股份有限公司

深智數位
股份有限公司